盆栽果树

● 黄 凯　黄体冉　陈之欢　编著

化学工业出版社

·北京·

内容提要

《盆栽果树》旨在研究和传播盆栽果树制作与综合管护的基本知识，主要介绍盆栽果树桩材的来源及培养、培养土的配制、品种选择、日常养护以及造型技艺等方面的知识，并以苹果、梨、山楂、桃、杏、李、葡萄、草莓、石榴、柿、金橘、柠檬、佛手以及无花果等14种盆栽果树为例，详细介绍了盆栽果树制作与养护的具体操作，并配有诗文。本书彩色印刷，图文并茂，实操性强。

本书可供植物造景爱好者、园林工作者、果树盆栽与果树盆景制作的专业人士及业余爱好者参考使用，也可供高、中等农林院校有关专业师生参考。

图书在版编目（CIP）数据

盆栽果树/黄凯，黄体冉，陈之欢编著． —北京：化学工业出版社，2020.5（2025.1重印）
ISBN 978-7-122-35661-1

Ⅰ．①盆…　Ⅱ．①黄…②黄…③陈…　Ⅲ．①果树-盆栽　Ⅳ．①S66

中国版本图书馆CIP数据核字（2020）第035542号

责任编辑：袁海燕　　　　　　　　　　文字编辑：林　丹
责任校对：杜杏然　　　　　　　　　　装帧设计：刘丽华

出版发行：化学工业出版社（北京市东城区青年湖南街13号　邮政编码100011）
印　　装：北京建宏印刷有限公司
850mm×1168mm　1/32　印张5　字数106千字　2025年1月北京第1版第2次印刷

购书咨询：010-64518888　　　　　　　售后服务：010-64518899
网　　址：http://www.cip.com.cn
凡购买本书，如有缺损质量问题，本社销售中心负责调换。

定　　价：45.00元

随着经济的发展，人们对美好生活的需求日益多元化，追求环境美、渴望回归自然成为新的生活时尚。盆栽果树不仅可以美化环境、陶冶情操，而且逐渐成为人们婚礼、乔迁、庆典等活动的馈赠佳品。此外，盆栽果树还具有快速成景、应用方便的特点，市场对盆栽果树的需求日益增加。越来越多的人开始关注盆栽果树的制作与养护，也希望能够亲手制作出自己喜欢的果树盆栽。

《盆栽果树》以研究和传播盆栽果树制作与综合管护的基本知识为宗旨，结合多年来的生产实践，首先从盆栽果树的特点、盆栽果树桩材的来源及培养、盆栽果树培养土的配制、盆栽果树的品种选择、盆栽果树的促花保果技术、盆栽果树的造型技艺以及盆栽果树的综合管理技术等方面进行了整体介绍。随后重点介绍了苹果、梨、山楂、桃、杏、李、葡萄、草莓、石榴、柿、金橘、柠檬、佛手以及无花果等14种常见盆栽果树的主要种类和品种、生长习性、制作技术、养护管理等方面的内容。

本书编写过程中得到了王聪、李梦然、乔欣、崔静、于涵、刘蒙蒙、张冬冰、王晋斌、汪阳、杨佳丽、刘一兵、黄虹心、柳振亮、王瑞、师娥、叔博通的大力支持，在此表示感谢。

由于编者水平有限，加之时间仓促，疏漏和不足之处在所难免，敬请广大读者批评指正。

编著者

2020年1月

目录

>>> 第1章 绪论

1.1 盆栽果树的意义 / 001

1.2 发展历程 / 003

1.3 盆栽果树的特点 / 004

1.4 应用前景与开发经营 / 004

>>> 第2章 盆栽果树桩材的来源及培养

2.1 嫁接 / 006

    2.1.1 概念及原理 / 006

    2.1.2 嫁接的意义 / 007

    2.1.3 场所及用具 / 008

    2.1.4 嫁接方法 / 010

    2.1.5 注意事项 / 012

2.2 圃地大苗的培育 / 014

2.3 树桩的采集与培养 / 016

>>> 第3章　培养土的配制

3.1　配制培养土的材料　/ 018

3.2　培养土的配方　/ 021

3.3　培养土的消毒　/ 022

>>> 第4章　制作与养护

4.1　盆栽果树的品种选择　/ 024

4.2　盆栽果树的上盆、换盆、倒盆　/ 024

　　4.2.1　上盆　/ 025

　　4.2.2　倒盆　/ 027

　　4.2.3　换盆　/ 028

4.3　盆栽果树的肥水管理　/ 028

　　4.3.1　施肥　/ 028

　　4.3.2　灌水　/ 030

4.4　盆栽果树的促花保果技术　/ 032

4.5　盆栽果树的造型技艺　/ 035

4.6　盆栽果树的修剪技术　/ 045

　　4.6.1　冬季修剪　/ 046

　　4.6.2　夏季修剪　/ 047

4.7　盆栽果树主要病虫害的综合防治技术　/ 052

4.8　盆栽果树的越冬防寒技术　/ 052

>>> 第5章　常见盆栽果树

5.1　盆栽苹果（蔷薇科 苹果属 *Malus*）／055

5.1.1　主要种类和品种　／055

5.1.2　生长习性　／056

5.1.3　制作技术　／057

5.1.4　养护管理　／059

5.2　盆栽梨树（蔷薇科 梨属 *Pyrus*）／063

5.2.1　主要种类和品种　／063

5.2.2　生长习性　／065

5.2.3　制作技术　／065

5.2.4　养护管理　／067

5.3　盆栽山楂（蔷薇科 山楂属 *Crataegus*）／073

5.3.1　主要种类和品种　／073

5.3.2　生长习性　／074

5.3.3　制作技术　／076

5.3.4　养护管理　／078

5.4　盆栽桃树（蔷薇科 桃属 *Amygdalus*）／081

5.4.1　主要种类和品种　／081

5.4.2　生长习性　／081

5.4.3　制作技术　／082

5.4.4　养护管理　／083

5.5　盆栽杏树（蔷薇科 杏属 *Armeniaca*）／091

5.5.1　主要种类和品种　／091

5.5.2　生长习性　／091

5.5.3 制作技术 / 092

5.5.4 养护管理 / 093

5.6 盆栽李树（蔷薇科 李属 *Prunus*） / 097

5.6.1 主要种类和品种 / 097

5.6.2 生长习性 / 098

5.6.3 制作技术 / 098

5.6.4 养护管理 / 100

5.7 盆栽葡萄（葡萄科 葡萄属 *Vitis*） / 103

5.7.1 主要种类和品种 / 103

5.7.2 生长习性 / 103

5.7.3 制作技术 / 104

5.7.4 养护管理 / 105

5.8 盆栽草莓（蔷薇科 草莓属 *Fragaria*） / 106

5.8.1 主要种类和品种 / 106

5.8.2 生长习性 / 107

5.8.3 制作技术 / 108

5.8.4 养护管理 / 109

5.9 盆栽石榴（石榴科 石榴属 *Punica*） / 111

5.9.1 主要种类和品种 / 111

5.9.2 生长习性 / 112

5.9.3 制作技术 / 113

5.9.4 养护管理 / 114

5.10 盆栽柿树（柿科 柿属 *Diospyros*） / 117

5.10.1 主要种类和品种 / 117

5.10.2 生长习性 / 120

5.10.3　制作技术　/121

5.10.4　养护管理　/122

5.11　盆栽金橘（芸香科 金橘属 *Fortunella*）　/125

5.11.1　主要种类和品种　/125

5.11.2　生长习性　/125

5.11.3　制作技术　/127

5.11.4　养护管理　/129

5.12　盆栽柠檬（芸香科 柑橘属 *Citrus*）　/133

5.12.1　主要种类和品种　/133

5.12.2　生长习性　/134

5.12.3　制作技术　/134

5.12.4　养护管理　/135

5.13　盆栽佛手（芸香科 柑橘属 *Citrus*）　/139

5.13.1　主要种类和品种　/139

5.13.2　生长习性　/139

5.13.3　制作技术　/140

5.13.4　养护管理　/141

5.14　盆栽无花果（桑科 榕属 *Ficus*）　/145

5.14.1　主要种类和品种　/145

5.14.2　生长习性　/146

5.14.3　制作技术　/146

5.14.4　养护管理　/148

>>> 参考文献

<<<<<

第1章

绪 论

1.1 盆栽果树的意义

（1）馈赠佳品，艺术珍馐

在人际交往过程中，离不开礼品，例如婚礼、乔迁、庆典等活动，亲朋间需要馈赠礼品，送一盆果树盆景，不仅好看、好吃，而且还有文化品位。因为盆栽果树都有特别的寓意，如盆栽苹果代表"平平安安"，盆栽柿树代表"事事如意"，石榴因其内多籽，在我国民间是"多子多福"的象征，盆栽桃树代表"长寿健康"，所以盆栽果树深受人们的喜爱。另外，我们还可以在盆栽果树的果实上做文章，让其长出人们喜欢的文字或图案，比如"恭喜发财""寿比南山""开业大吉"等，肯定人见人爱。

（2）美化居室，陶冶情操

盆栽果树不仅造型美观、色彩艳丽，而且还具有很好的装饰效果。若室内摆放，既能使人心情愉悦、缓解压力，也在很大程度上增加了室内绿植量，可以净化空气，有利健康。盆栽果树同时也是最能体现个性的艺术品，由主人亲手培育的盆栽果树，代表着主人的用情和用意，意味深远。另外，盆栽果树能够陶情冶性，体现主人良好的文化修养和情操。

（3）应用方便，快速成景

盆栽果树作为观赏品，已然成为大型盆栽组摆的一部分，见图1-1。我们节假日在广场、公园等地方，随处可以看到各种形态各异的果树盆景，这种做法既增添了节日的气氛，又让广场上的组摆设计变得更加丰富多彩。盆栽果树无论是花团锦簇，还是花果交织，都能营造出一种"花褪残红青杏小。燕子飞时，绿水人家绕"的高雅境界。我们还可以在公园里看到桃、石榴、苹果、梨等多种果树盆景高低错落而形成的巧妙组合，十分精美别致，让人流连忘返。

图1-1 盆栽石榴
（摄于世界园艺博览会）

1.2 发展历程

中国的盆栽果树具有悠久的历史和深厚的文化底蕴，是享誉世界的独特的艺术瑰品。盆栽果树的历史最早可以追溯到东汉，主要形成于唐朝，兴盛于明清。盆栽果树作为盆景分类中的一个大类，具有鲜明的艺术特色。中国同时还是开始果树设施栽培最早的国家，盆栽果树是果树栽培的一种新的表现形式，受众较广。

自20世纪80年代以来，盆栽果树开始成为业内关注的重点，并以其独特的魅力受到人们的喜爱。同时，盆栽果树也多次出现在国内博览会、展览会的场馆内，供游人欣赏。根据报道，徐州的果树盆艺园现拥有苹果、梨、桃、石榴、山楂等10余个树种的果树盆景，品种上百。果树盆景远销日本、法国等国家及我国港、澳、台地区，经济效益十分可观。近年来，伴随着园林绿化行业的发展，果树盆栽作为一种新兴产业，开始呈现出迅速发展的态势，而盆栽果树在花卉市场上也备受消费者青睐。

果树盆景也是一项技术产品。但由于果树盆景周期较长，致使其生产规模较小、品种少、价格高，这是目前果树盆栽产业发展中存在的突出问题。部分消费者同时还会担心管理难度较大的问题，这也在一定程度上影响了果树盆景的经济效益。

1.3　盆栽果树的特点

苗博瑛等（2006）认为盆栽果树的特点主要有：一是植株矮小、造型奇特美观，可用于室内、室外美化；二是可观花观果且观赏时间长，通过技术处理以及设施调控可实现周年供应；三是生产周期相对较长、技术性强，在很长的一段时期内将处于供不应求的状态，市场潜力巨大；四是果树盆栽属于劳动密集型产业，非常符合我国国情，而且国外市场发展空间巨大，是出口创汇的新型产业。李万立将盆栽果树的特点总结为：观景观果；果树类盆景比观叶类盆景更凸显季节变化；资源丰富，管理简便。

可见，盆栽果树的突出特点主要有：占地较少，美化环境；方便移动，躲避逆境；树体矮化，方便管护；适材广泛，便于生产；创造性强，容易发挥；方便摆放，有益科研；管护养心，美形促果；惬意怡情，陶冶情操；观花赏叶，品果看景；生产艺术，消费时尚；"两文明"一身，高效益创造。

1.4　应用前景与开发经营

生活水平的提高带动了人们思想观念的转变，更多的人开始追求生活的多元化，追求环境美，回归自然成为新的生活时尚，这为盆栽果树走进千家万户奠定了基础。据有关部门调查显示，自2001年以来，果树盆景供不应求，市场缺口较大，销售量以15%的速度逐年递增，价格也逐年上涨，涨幅在20%左右。因此果树盆景是朝阳产业，有着巨大的社会潜力和广阔的市场前景。

盆栽果树的开发优势及开发价值体现在以下方面：① 它是高产值产物，原料成本低廉，成品却含有极高的附加价值，从而使其具有调整农村种植结构的潜力。② 在盆栽果树培养的各个方面，劳动力是必不可少的，可以利用中国劳动力资源充裕的优势。因此，盆栽果树种植可谓是转移农村剩余劳动力的一条出路。③ 盆栽果树的生产适用于"公司+农户"的模式。果树盆景的生产纵然技术要求较高，但是在生产前期，对技术的要求是相对粗放的，普通农户完全可以胜任，而后期的制作，则交由相关专业公司的员工来负责。这样一来，可实现"富农户、降成本、提产品、快进程"的目标。④ 盆栽果树的妙用，不仅体现在其作为艺术品对于环境的装饰，对于生活空间气氛、格调的提升，还体现在其能满足人追求环境之美、自然之美，足不出户便能领略到令人心旷神怡的田园风光的心理需求。人们既可在自家阳台赏花观果，尽享田园风光，又可任意采摘，随时品尝新鲜果品。故而盆栽果树越来越受到各地区、各阶层消费者的青睐，逐步迈向居家生活的时尚舞台。

第2章

盆栽果树桩材的来源及培养

2.1 嫁接

2.1.1 概念及原理

嫁接（图2-1），是植物的人工繁殖方法之一，利用无性繁殖中的营养生殖，把一种植物的枝或芽嫁接到另一种植物的茎或根上，使两个伤面的形成层靠近并紧扎在一起，结果因细胞增生，彼此愈合成为一个维管组织连接在一起的整体。接上去的枝或芽，叫作接穗；被接的植物体，叫作砧木或台木。选择接穗时一般选用具2～4个芽的苗，嫁接后成为植物体的上部或顶部，砧木嫁接后成为植物体的根系部分。

嫁接的方式分为芽接和枝接。芽接多在枝条形成层细胞分裂旺盛、皮层容易剥离时进行，常采用操作简单的"T"形芽接法，接后用塑料条绑紧，露出叶柄。枝接一般在春季植物体发芽前和秋季进行，常用的方法有腹接、切接、劈接、舌接、皮下接等。枝接时，为防止愈合前接穗失水干枯，最好将接穗蘸蜡；蜡封接穗后可用湿布加塑料薄膜包裹，置于3～5℃下低温保存备用，也可立即嫁接，嫁接后用塑料薄膜包扎接口，愈合后及时解开。

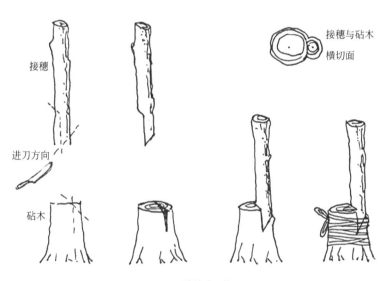

接穗与砧木横切面

接穗

进刀方向

砧木

图2-1 嫁接流程简图

2.1.2 嫁接的意义

在生产实践过程中，采用嫁接手段来提高经济价值的实例非常多：如普通的水杉（地径2厘米），通过嫁接的手段培育成金叶水杉后，其经济价值提高了20多倍；再如普通的大叶女贞树（地径2厘米），通过嫁接的手段培育成彩叶桢树后，其经济价值提高了近百倍。可见，嫁接对品种的改良、经济价值的提高都有着非常重要的意义。

嫁接对一些果木品种（如柿、柑橘的一些品种）的繁殖意义重大。嫁接既能保持接穗品种的优良性状，又能利用砧木的有利特性，达到早结果及增强果树的抗寒性、抗旱性、抗病虫害能力的目的，还能经济利用繁殖材料，增加苗木数量。嫁接常用于果树、林木、花卉的繁殖，也用于瓜类蔬菜育苗。嫁接的方式分枝接和芽接，前者以春、秋两季进行为宜，尤以春季成活率较高；后者以夏季进行为宜。

2.1.3　场所及用具

嫁接最好在温室内进行，高温季节要用遮阳网或草帘遮阴，避免强光直射使幼苗过度萎蔫影响成活。如深冬茬茄子7月份嫁接，此时正值高温期，防暑降温是关键。低温季节嫁接（如黄瓜、番瓜越冬茬的嫁接在9月底至10月初）要以保温为主，温度低不利于伤口愈合，嫁接时适宜的温度应当为24～28℃。空气相对湿度75%以上。湿度不够时，要用喷雾器向空中或墙壁喷水增加湿度。

主要工具：

（1）嫁接刀

嫁接刀一般为木柄直刃嫁接刀或木柄黑刃嫁接刀，见图2-2。

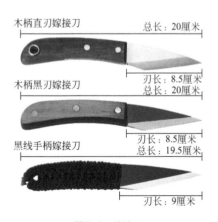

木柄直刃嫁接刀　总长：20厘米
刃长：8.5厘米
木柄黑刃嫁接刀　总长：20厘米
刃长：8.5厘米
黑线手柄嫁接刀　总长：19.5厘米
刃长：9厘米

图2-2　嫁接刀

（2）竹签

一种是插接时在砧木上插孔用的，其粗细程度与接穗苗幼茎一致，一端削成楔形，另一端粗细要求不严。另一种一端削成单面楔形，靠接时用它挑去砧木的生长点。常用嫁接竹签如图2-3所示。

图2-3　嫁接竹签

（3）嫁接夹

嫁接夹（图2-4）用来固定接穗和砧木。市面上销售的嫁接夹有两种，一种是茄子嫁接夹，另一种是瓜类嫁接夹。旧嫁接夹事先要用200倍甲醛溶液泡8小时消毒。操作人员的手指、刀片、竹签用75%酒精（医用酒精）涂抹灭菌，间隔1～2小时消毒一次，以防杂菌侵染接穗与砧木的切口。但用酒精棉球擦过的刀片、竹签一定要等到干后才可用，否则将严重影响嫁接苗的成活率。市面上还可以购买嫁接组合工具包（图2-5），携带、使用更方便。

图2-4　嫁接夹

图2-5　嫁接组合工具包

（4）嫁接机器

由于瓜类作物的连作障碍问题越来越突出，蔬菜嫁接技术越来越受到人们的重视。育苗专业户、育苗公司也应运而生。对于育苗专业户和育苗公司，如果靠人工嫁接，由于工作效率和嫁接技术水平低，容易耽误嫁接时机，所以他们希望采用嫁接机作业。小型和半自动式嫁接机，由于售价低廉，在市场上受到人们的欢迎。

2.1.4　嫁接方法

（1）靠接法

靠接（图2-6）是把砧木吊靠在接穗母株上，选用双方粗细相近且平滑的枝干，各削去枝粗的1/3～1/2，削面长3～5厘米，将双方切口的形成层对齐，用塑料条扎紧，待两者接口愈合后，剪断接口下部的接穗母株枝条，并剪掉砧木的上部，即成一棵新的植株。

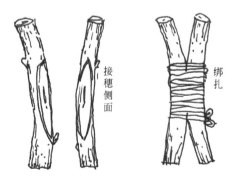

图2-6　靠接

（2）劈接法

在砧木从上至下一定长度内光滑、无节疤处锯断，用刀从砧木中心劈开3～5厘米深的接口。选取一年生芽点饱满（约2～4个芽）未萌发的枝条作为接穗，将基部削成双面楔形，削面深达木质部，长约2～3厘米（略短于砧木切口）。把接穗双楔面对准砧木接口轻轻插入，使两切口紧密贴合，用嫁接夹固定。劈接示意图参见图2-7。

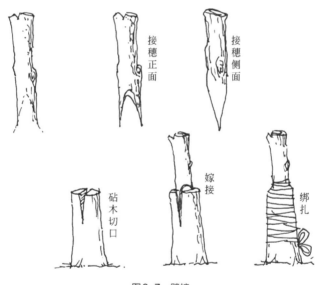

图2-7 劈接

（3）插接法（图2-8）

用嫁接签（竹签或金属签）在砧木苗茎的顶端或上部沿形成层向下插孔。接穗下端削成0.5～1厘米的单斜面，去掉背面的表皮。将处理好的接穗斜面向砧木圆心方向迅速插入孔中，

使砧木与接穗的形成层密切接触。接口处涂以接蜡，以减少嫁接部位的水分流失，预防病菌侵害，用麻绳或薄膜等绑扎固定。插接法主要适用于砧木粗壮而接穗较小的组配，可一砧多穗。

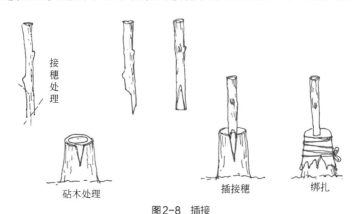

接穗处理 砧木处理 插接穗 绑扎

图2-8　插接

（4）机器实现法

采用嫁接机器作业，操作简便，且效率明显提高，因而越来越受人们的欢迎。市面上常见的半自动嫁接机主要采用了劈接法技术原理，利用更为便捷的机器代替传统刀具，对砧木和接穗进行快速切割处理，然后人工将其接合。全自动嫁接机可实现流水化操作，借助机械臂、传送带等自动化设备，只需把适宜规格的砧木和接穗放于机器设定位置，则可实现高通量自动化嫁接。

2.1.5　注意事项

（1）选择亲和力强的砧木和接穗

亲和力是指砧木和接穗经嫁接而能愈合的能力。一般情况下，亲缘关系越近，亲和力越强，嫁接后苗木的成活率也就越高。例如苹果接于沙果，梨接于杜梨、秋子梨，柿接于黑枣，核桃接于核桃楸等亲和力都很好。常见砧木见图2-9。

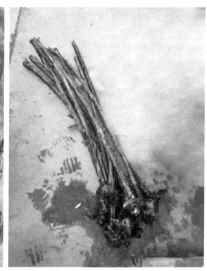

图2-9　砧木

（2）选择生活力强的砧木和接穗

生活力与砧木和接穗营养器官积累的养分多少有关，营养器官积累的养分越多，发育越充实，则生活力就越强。应选择抗寒、抗涝、抗病能力强，木质韧性好、不易折断、适于攀扎造型，易于繁殖、结果早、寿命长的砧木，并且选择发育成熟、芽眼饱满的枝条作接穗。

（3）选择最佳的嫁接时机

一般枝接宜在果树萌发前的早春进行，因为此时砧木和接

穗组织充实，温度、湿度等也有利于形成层细胞的旺盛分裂，可以加快伤口愈合。芽接则应选择在砧木和接穗的生长缓慢期进行，以嫁接成活后第二年春天发芽成苗为好。

（4）利用植物激素促进愈合

接穗在嫁接前用植物激素进行处理，如用200～300毫克/千克的萘乙酸浸泡6～8小时，能促进形成层细胞的活动，从而促进伤口愈合，提高嫁接苗木的成活率。

（5）规范技术操作

嫁接时动作要迅速，并严格按技术要求削好砧木和接穗，接面要平滑，使砧木和接穗的形成层紧密连接，绑扎松紧适度，并适时解绑。

2.2　圃地大苗的培育

（1）方法

大多数树种是通过播种、扦插、嫁接等方式进行苗木繁殖。育苗初期，为了便于管理、节约土地资源、减少成本，育苗密度较大，在幼苗生长期间要及时除草、松土、灌水和防治有害生物，并要及时修枝、抹芽、摘心，对主根发达的树种要及时切根，增加侧根数量，培育合格的幼苗。

应缩短在盆内培育的时间，可将嫁接后生长一年的成品苗重新归圃培养，以获得较好的树形。一般定植行株距为

1米×0.5米。定植时，可将砧木较粗长的根进行盘根处理，以期上盆后提根时取得盘根错节的艺术效果。同时可对主干近地面处进行基础造型，例如斜、拧、弯等，以期取得干部优美的盆景桩材。

此后，要每年结合造型进行拉枝和重剪，并于早春距离树干25厘米左右处，用铁锹铲断根。培养数年后，即可形成根系集中而发达、主干粗壮而优美、分枝众多而有致的优良盆景苗木桩材。

（2）圃地选择

应选择交通便利、地势平坦、背风向阳、土壤肥沃、有灌溉条件的沙壤土地作为苗木繁育基地。选择适宜大苗生长的环境、温度、土壤。

（3）种子筛选

从树势健壮、抗性强的母树上采集成熟、种仁饱满的种子。采种一般在10月中下旬进行，采下的种子放在阴凉通风处晾干，然后进行贮藏，在贮藏过程中注意防潮。如果延期存放，可用麻袋装好后放入低温干燥的冷库保存。常温保存过程中要定期查看是否有虫害发生，一旦发现，及时筛选剔除或进行药物处理。

（4）催芽处理

播种前根据种壳的软硬程度改变温度，将种子与湿沙混拌，每天翻动2～3次。待1/3的种子出现白色根点时立即播种。通常选择干形通直、长势良好、发育健壮的苗木进行定植，定植

前苗木要划分等级，定植密度根据培育目标确定。

（5）大苗培育

可选用2～3年生以上的大苗培育，定植前将苗木分级，最好选用一、二级苗木定植。定植的株行距可选用0.5米×0.5米或1米×1米，以后每年根据培育的需要隔株除株或隔行除行进行间苗出圃，保留下来的苗木继续培育。

（6）造型树的培育

首先对2年生以上或3厘米以下的留植苗划分等级后再进行定植。根据苗高进行定干，定干高度一般为0.2～1.2米。根据苗木的大小确定定植密度，定植后要全面、细致地进行圃地管理，按时除草施肥，达到培育的效果。

2.3　树桩的采集与培养

（1）采集

果品生产中剩余的果树及山野间自生的果树，是制作盆栽果树的优质砧木资源。特别是山野自生的各种果树，由于受砍伐、牛羊采食、虫蛀蚁蚀或受自然伤害，其根干形成不同的错落形态，便于造型，且有着良好的抗性和适应性。只要经过科学采集和培育，就可制作出理想的果树盆景。

对造型优美奇特而根系生长发育不良的珍贵树桩（图2-10），为确保其成活，可采用多次掘取法。第一年掘开树桩的一侧或两侧，将根系按造型要求进行修饰，而后填入肥沃土，踩踏并浇水，以促发大量根须；第二年再处理另一侧或两侧；第三年全部采掘。

（2）采集后的处理

采集到的树桩需及时处理。将黏土用水调成糊状，再将树桩根部插入泥浆中，将树桩根部从泥浆中捞起待稍干后即可用稻草、蒲包等包装运输。不能及时运输者，直接放在避风背阴处保存或临时埋入土中并浇水培育起来。

（3）采集后的初加工

图2-10　树桩

对采集的树桩进行初加工前，要对根、干、枝的选择进行谨慎推敲，充分考虑上盆后其坐落方向是竖还是斜、是俯还是仰等，做到心中有"树"，方可开始剪截。剪截后的伤口应用刀刮干净，并涂以2%硫酸铜溶液或5°Bé（波美度单位）石硫合剂进行消毒，最后涂上桐油、铅油、接蜡等保护剂，以防失水或腐烂。

第3章

培养土的配制

3.1 配制培养土的材料

适合配制培养土的材料较多，目前常用的有以下几种：

（1）沙土（图3-1）

沙土多取自河滩。河沙的排水透气性能好，多用于掺入其他培养材料中以利于排水。沙土掺入黏重土中，可改善土壤的物理结构，增强土壤的排水透气性；缺点是毫无肥力。沙土可作为配制培养土的材料，也可单独用作扦插或播种基质。海沙用作培养土时，必须用淡水冲洗，否则含盐量过高，会影响植物生长。

图3-1　沙土

（2）腐叶土

腐叶土又称腐殖质土，是利用各种植物的叶子、杂草等掺入园土，加水和人粪尿，经过堆积、发酵腐熟而成的培养土。其腐殖质含量高，呈酸性，保水性强，通透性好，是配制培养土的主要材料之一。需经暴晒过筛后使用。

（3）园土（图3-2）

园土又称菜园土、田园土，取自菜园、果园等地表层的土壤，含有一定量的腐殖质，并有较好的物理性状，常作为培养土的基本材料。园土是普通的栽培土，因经常施肥耕作，肥力较高，团粒结构好，是配制培养土的主要原料之一。其缺点是干时表层易板结，湿时通气透水性差，不能单独使用。用种过蔬菜或豆类作物的表层沙壤土配制培养土最好。

（4）山泥

山泥分黄山泥和黑山泥两种，由山间树木的落叶长期堆积而成，是一种天然的含腐殖质的土壤，土质疏松。黑山泥呈酸性，含腐殖质较多；

图3-2 园土

黄山泥亦为酸性，但含腐殖质较少。和黑山泥相比，黄山泥质地较黏重。山泥常用作山茶、兰花、杜鹃等喜酸性花卉的主要培养土原料。

（5）砻糠灰和草木灰

砻糠灰是由稻壳烧成的灰，略偏碱性，含钾元素，排水透气性好；草木灰是由稻草或其他杂草烧成的灰。两者都是含钾丰富的钾肥，加入培养土中，能使之排水良好、土壤疏松，并增加了钾含量，提高了土壤pH值。

（6）泥炭土

泥炭土是由泥炭藓炭化而成。由于形成的阶段不同，分为褐泥炭和黑泥炭两种。褐泥炭含有丰富的有机质，呈酸性；黑泥炭含有较多的矿物质，有机质较少，呈微酸性或中性。

（7）厩肥土

厩肥土是指动物粪便埋入园土中经过堆积发酵腐熟而成的种植土，腐熟后也要经晒干和过筛以后才能使用，其内含有丰富的养分及腐殖质。这种土一般来源于养殖场或农场附近，也能自己堆制。

（8）骨粉

骨粉是把动物杂骨磨碎、发酵制成的肥粉，含有大量的磷。每次加入量不得超过培养土总量的1%。

（9）木屑

这是近年来新发展起来的一种培养土材料，疏松而通气，保水透水性能好，保温性强，重量轻又干净卫生，呈中性和微酸性。可单独用作培养土，但木屑来源不广，且单独使用时不能固定植株，因此，多和其他材料混合使用，增加培养土的排水透气性。

（10）松叶

在落叶松下，每年秋冬都会积有一层落叶，落叶松的叶细小、质轻、柔软、易粉碎，这种落叶堆积一段时间后，可作配制培养土的材料，用其栽培杜鹃尤为理想。松叶还可作为配制酸性、微酸性及疏松、通透性好的培养土的材料。

3.2 培养土的配方

理想的培养土含肥温和适中，质地疏松，通透性好，干时不裂、湿时不黏，酸碱适宜，无病虫危害。适宜果树生长的培养土一般为中性（pH值4.5～7.5）、富含腐殖质的沙壤土或沙土，其配制方法多种多样，可就地取材。现介绍几种：

配方一：肥沃熟土：河沙：腐熟羊粪：沤烂的树叶及马掌发酵肥＝6：2：1：1（体积比），过筛。

配方二：堆肥土：园土：沙土＝5：2.5：2.5，再每立方米加入0.5～1千克25%氮磷钾复合肥，混合拌匀。

配方三：园土：腐殖土：细沙土：草木灰＝4：3：2：1，充分混合均匀，碾细过筛。

目前市面上也有商品化的营养土，如图3-3所示。

图3-3 商品营养土

3.3 培养土的消毒

一般盆栽的培养土不需特殊消毒，只要经过日光曝晒即可。这是因为，一方面，花卉本身具有一定的抵抗能力；另一方面，土壤中含有大量的微生物，它们在活动过程中陆续分解出许多营养物质，可以保持土壤肥力，有利于花木生长。也可用高温消毒或药剂消毒，但微生物被杀死后，土壤中的有机物质不能被分解，不利于花木吸收。用于扦插和播种的培养土要严格消毒，因为对于扦插繁殖的花木来说，病菌容易从插穗伤口侵入花木体内，造成伤口腐烂，影响花木的成活；对播种繁殖的花木来说，刚生出的芽抵抗力很弱，微生物常侵染导致发霉。

常用的消毒方法：高温消毒和药剂消毒。

（1）高温消毒

将配制好的营养土摊开，在强光下曝晒并经常翻动，使之均匀受热，中午过后趁热堆积，用塑料布盖严加温，从而达到消毒的目的。

（2）药剂消毒

① 0.3%～0.5%高锰酸钾溶液　使用时将药液均匀喷洒在营养土上，然后堆积并用塑料布盖严，消毒后密封一昼夜再使用。

② 辛硫磷＋多菌灵　营养土需要量较大或使用厩肥土较多时，可用1000倍液辛硫磷＋600倍液多菌灵的混合液均匀喷洒消毒，密封堆放2～3天后使用。

③ 氯化苦消毒法　将培养土做成30～40厘米高的方块，按间距20厘米，用木棍插出20厘米深的孔，每个孔内注入5毫升氯化苦，用土封口，然后浇水，再用塑料薄膜严密覆盖15～20天，揭膜后反复翻拌均匀。既灭菌，又杀虫。

④ 福尔马林消毒法　每立方米培养土用40%福尔马林50倍液400～500毫升喷洒，翻拌均匀后堆上，用塑料薄膜封闭48小时。

⑤ 二氧化碳消毒法　将培养土堆成圆锥形或长方形，按一定的间距在上方插几个孔，每立方米培养土用3.5克二氧化碳，注入后用土堵住洞口，再覆盖塑料薄膜，封闷48～72小时。

第4章

制作与养护

4.1 盆栽果树的品种选择

果树盆栽是集食用和观赏为一体的栽培方式。经过长期的人工栽培，盆栽果树有了丰富的品种类型可供选择。盆栽果树的品种主要以树形矮化、树体粗壮、枝短、易成活、成花容易、结果早、抗病能力强、适宜盆栽环境、具有良好的观赏性、有芳香气味的为最佳。如乐园油桃、红茄梨、舞佳芭蕾苹果、牡丹石榴、四季草莓、芭蕾舞美人、柑橘（四季橘、甜橙、温州蜜柑、佛手柑）、桃类（早香玉、砂子早生、仓方早生、寿星桃、红蟠桃）等都是盆栽果树的良好品种。

4.2 盆栽果树的上盆、换盆、倒盆

将果树苗木从露地移植到花盆的过程称为上盆。根据盆栽植株生长的姿态及发展需要，从小盆整坨脱出，不散坨倒到大

一两号的盆内并填土墩实的过程称为倒盆。定植成型的盆栽，为长葆长势健旺，应适时更新盆土，并结合整形修剪，然后栽植于原规格或大一号盆中的过程称为换盆。

4.2.1　上盆

在上盆前，需要做的准备工作有：确定上盆时间、选盆以及选择苗木。

① 确定上盆时间　北方落叶果树应在春季萌动前（2月上旬至3月上旬）或秋季落叶后（11月下旬）上盆。南方柑橘类果树可在春、夏、秋三季各次新梢转绿后，即前次新梢停止生长后、下次新梢生长前及时上盆。因为在这几个时间点果树生长正处于相对静止或相对缓慢的状态，贮藏有较多的养分，上盆后易于果树的生根和成活。

② 选盆　花盆有素烧盆、釉盆、紫砂盆、瓷盆、塑料盆和木盆等种类。其中素烧盆又称瓦盆，是使用最普遍的一种花盆，其优点是质地疏松多孔、透气性较好，易于排除盆内多余的水分，有利于根系的生长发育且价格低廉；缺点是加工粗糙、不美观、易碎。釉盆、紫砂盆和瓷盆加工精细，种类、规格繁多，是盆景观赏较理想的用盆，其保持水分能力强，但透气性较差。木盆可用于较大果树的栽培。塑料盆既可作盆栽容器亦可作套盆，其优点是美观、轻便耐用、价格低廉。另外，盆的大小及形状的选择应根据苗木的大小、长势强弱和树形来定。

③ 选择苗木　选取的盆栽果树苗木应该根系发达、须根多、干粗及干高适当、分枝均匀、生长健壮、树形美观。为了

缩短其在盆内培养的年限和提高其观赏价值，选择时尤以干基较粗的多年生苗木为好。上盆前，要检查果树苗木是否有病虫害并给予适当的修剪。根部修剪时要注意将伤口剪平以利愈合，并剪除病根、伤根及粗根过长的部分，尽可能地多保留须根。树冠可根据不同树种和造型的需要进行修剪，原则上应保持树干低矮适度和树形的紧凑。

④ 具体操作方法　上盆前应检查盆底孔是否通畅，再用碎盆片将其凸面向上盖住盆孔，以避免漏土或阻塞。对要求排水良好的树种，则要多放些碎盆片或炉渣。盖住盆孔之后，铺一层粗泥沙，形成通透性良好的排水层，再放置少量培养土。之后，可适当放些碎骨、鱼粉、蛋壳或2～3片马蹄掌。栽植时，应使根部舒展并与土壤紧密接触，对主根较大的根系，可用木棒将根部四周的泥轻轻插实，并用手轻拍盆腰，避免根际存有较大的空隙。栽植深度以刚盖过苗木原土面为宜，嫁接口要露出土面。盆无论大小均应装至八成土，留出二成左右的空间以利于浇水。

上盆后要及时浇透水。浇水要分两次，主要是因为盆内土壤较干，一次浇水往往难以浇透，同时较大的土壤颗粒也无法吸足水分。此外，如盆土有较大的空隙，浇水后会出现局部塌陷，或者塌陷部位连通底孔快速排出较多的水分，应及时填入新的培养土并再次浇透。落叶果树在春季萌芽前上盆后，应摆放到庭院或阳台的背风向阳处。此时植株需水不多，应控制浇水次数，保持盆土湿润即可，这样也可以提高盆内土壤的温度，促使新根尽早生成。柑橘类等常绿树种上盆后，应置于荫棚下或背风阴凉处，每天喷1～2次水保叶，经10天左右再逐渐转移到见光稍多的场地养护。

4.2.2　倒盆

　　随着果树的生长，其根系开始绕盆生长并形成根垫，使根系老化且不能接触到土壤，土面根系密集，渗水力也会越来越差。同时，树冠也会扩大，盆土内的营养也越来越少，选择吸收后剩余的有害物质和产生的有害分泌物越来越多，会造成盆土环境恶化，不利于盆栽果树继续生长。因此应根据果树生长的姿态和发展的需要，将果树倒至较大的盆中，以满足其营养需要并提高观赏价值。如在不伤根的情况下，由小盆转移到较大的盆中，可促进果树后期生长，否则会造成植株生长衰弱。在营养生长停止、花芽分化开始的阶段倒盆，尤其对生长过旺的果树，适度的根系修剪可有效地抑制其营养生长，促进花芽分化。因此，在进行倒盆操作时，一般遵循"不惊坨"的原则，将盆倒翻，左手食指与中指夹住果树根颈部，右手轻拍盆壁和盆底，使果树从小盆中整坨脱出，稍去除沿盖土及底部排水层，栽到准备好的大盆里（大盆中新营养土、炉渣等准备操作可参见上盆时的操作方法），随即填土墩实，浇透水，正常养护。如盆栽果树较大，可几人配合，用竹签沿盆周围挖去少许土，托住果树植株，侧倒花盆，轻拍或来回滚动几次后，用棍从盆孔向盆口徐徐用力顶，使其从盆中脱出。对于具刺果树，倒盆时应戴上防护手套或用夹子夹住，以防刺毛伤手。倒盆过程中如果不涉及过多修剪，一般不受季节限制。

4.2.3 换盆

　　果树换盆一般多在落叶以后至萌芽前进行。换盆前2天应浇透水，换盆时可用绳轻轻捆束枝蔓，把盆横倒，轻轻震动盆壁，使盆土与盆壁分离，同时双手紧握树干，将植株提出。剔除根系外围的旧盆土，然后对沿盆壁生长的卷曲根、衰老根、腐朽根及根瘤等进行修剪，促进新生根再生，使植株迅速复壮。换土时，保留1/2～2/3旧土，其余换为新土，施加底肥，盆底部放入比较疏松的大砂粒、树叶土或炉渣等，使根部容易伸展，透水良好，以免将漏水孔堵死，积水过多产生烂根。换盆后第1次浇水要浇足，以利于根部与土壤充分接触，放置于庇荫无风处1周左右，待恢复生机后，再搬出室外。同时可对果树整体造型进行整形修剪，增加其观赏性。

4.3　盆栽果树的肥水管理

4.3.1 施肥

　　盆栽果树全年的生长量比较大，果量也比较大，且挂果期长，因此需要更多的养分来供应其营养生长与生殖生长，仅靠有限的盆土不能满足其营养需求，必须不断地供应肥料，才能保证植株生长健壮、开花结果正常，从而达到观花品果的目的。

（1）肥料种类

盆栽果树施肥时，应选择对于植株来说易于吸收的肥料。同时，因为盆栽果树经常放置在庭院、阳台、客厅等地方，所以要求保持清洁的环境卫生，施入不易招引蚊蝇的肥料，而且不可长期施用单一的化肥，必须与有机肥料配合施用。据试验，盆栽果树较好的肥料是腐熟的饼肥水或麻酱渣水与尿素、磷酸二氢钾、磷酸二铵、过磷酸钙、硫酸亚铁等配合使用。

（2）施肥方法

① 施底肥　在定植及倒盆过程中，将20份有机质含量丰富、质地疏松的壤土与2份厩肥、畜禽粪或人粪尿混合，经堆积发酵后直接用作盆土。开花前可不用再追施其他肥料。

② 客土施肥　在距根颈以外5厘米处，用小铲将盆土挖到盆外，深度以不裸露根系为宜，然后将肥料（厩肥和饼肥）均匀撒入盆内，施肥量根据肥料的质量灵活掌握。最后覆上盆土，回填土量与原来盆面状况一致。

③ 钻孔施肥　适用于经过稀释的无机肥和有机肥。将2厘米粗的圆木棒前端削成圆棱形，在距根颈5厘米以外处钻孔，孔间距5～8厘米，内浅外深，盆沿内侧周围的孔可深达盆底但不能伤害根系，然后将肥料稀释液注入孔内并覆土。

④ "米"字状条沟施肥　大致与放射状沟施肥相同，首先在距根颈以外5厘米处，由内往外挖宽约5厘米、长度达盆内沿的条沟，深度以根系不裸露为宜，8条沟呈"米"字状，然后将腐熟的肥料均匀施入沟内并覆土。为防止下次施肥部位与之重叠，可选一部位插上标记，以便下次在不同的部位挖沟。如

果采用"十"字形条沟施肥，沟宽8～10厘米，深度同样以根系不裸露为宜。

⑤ 圆周施肥　可沿盆内壁1周向内挖沟，沟宽5～6厘米，深度以不伤根为宜，将肥料均匀施入圆形沟内并覆土。

⑥ 浇注施肥　将畜禽粪肥、人粪尿、豆粕和大豆、草木灰、炕土等浸泡腐熟后，取其汁液和无机肥用水稀释混匀，然后直接浇注在盆土表面，任其自然渗透。但此方法弊端较多，主要是盆土中下部往往渗透不到足够的肥料，而上部经连续灌施后易产生烂根现象，也易发生土壤板结。

⑦ 叶面施肥　在果实采收前30天的生长期内均可进行叶面施肥。主要肥料有0.2%尿素、磷酸二铵、3%～5%过磷酸钙悬浮液、0.5%磷酸二氢钾、0.2%硼砂、硫酸锌、硫酸铜、硫酸亚铁等。有机肥中的畜禽粪尿经浸泡、发酵后配成100倍液可作为叶面喷施的肥料使用。

（3）注意事项

肥料应与土拌和均匀，并防止肥料与根系直接接触，以免灼伤根系；施肥时要遵循"少量多次"的原则，防止过量，一般每棵果树每次所施肥料中所含主效有机物或无机物原液量应控制在50～100克，施肥时间间隔以10～15天为宜。

4.3.2　灌水

果树根系生长时需要土壤内含有一定量的空气，所以有限的盆土既要满足果树对水分的需求，又要满足其根系对空气的需求。长期过量地浇水会导致盆土内空气含量过少，从而影响根系的生长，甚至造成烂根死亡。为调节水分与土壤空气的矛盾，一般应遵循"见干见湿"的原则，即待盆土稍干后再浇水。根据树种的不同要求，盆土的相对含水量一般维持在50%～80%。浇水以喷、淋的方式最好。

为了使灌水在果树生长中发挥出最好的作用，选择合适的容器是非常重要的，除容器不可太小外，最好选择吸水保水性较好的泥土盆和严实的木制盆。使用铁盆、塑料盆、釉盆、陶盆等时应选择直径不小于30厘米的大盆，这样在装足盆土后会有良好的保水作用。盆底排水孔最好使用吸水性能好的棉花及塑料泡沫块垫住，这样可减少水分流失。

早春落叶果树萌动前后，正是根系旺盛生长的时期，需要盆土内有充足的空气和相对较高的温度，此时树体需水不多，可3～5天浇一次透水。以后随着生长量的增加和气温的升高，浇水次数亦相应增加，2～3天浇一次透水。夏季是浇水量最多的时期，除每天要供应充足的水分满足植株的需求外，还要多浇透底水，以适当降低土温保护根系，每日浇一次水，必要时一日浇2次。浇水应在早晨或傍晚进行，避免在中午高温时浇水。在施肥后应浇透水。浇水时要求水质洁净，切忌用酸、碱过重或油腻的污水浇灌。水温要适宜，最好用太阳晒温的水，尤其是夏季不要用深井低温水直接浇灌，以免使土温骤降而影响根系发育。雨雪水是最佳浇灌用水，可积累备用。

在果树花芽分化期如适当减少水分，可有效地抑制营养生长，促进花芽分化。在果实发育期如供水不足，会显著影响果实增大，而转色成熟期供水过多或旱涝不均则容易造成落果或裂果。冬季是果树进入休眠期需水量最少的季节，应防止水大烂根，但也需定期检查，防止缺水抽条，1～2个月浇一次水即可。

生长期浇水应在上午10时前或下午4时后进行，冬季或早春浇水应在午后气温较高时进行，以避免盆土温度的剧烈变化。浇水要一次浇透，不能只浇表面，否则会使下层长期处于干旱状态。结合浇水可不定期地对盆上部进行喷水淋洗，从而达到净化叶片和果实、提高观赏价值的目的。

另外盆土表面可用嫩菜叶（或者树叶、草叶等）进行覆盖，也可种植小棵速生蔬菜如小白菜、油菜等，这样不仅可以保持盆土水分，而且菜果同盆也有较好的观赏价值。

4.4　盆栽果树的促花保果技术

果树盆景不仅在造型上需要有较高的艺术价值，与树桩盆景相比，它还有其特殊要求，即要有一定数量的果实，且果实分布要均匀、色泽要鲜艳。果实的大小、形状、分布状况会直接影响到果树盆景的整体观赏效果，开花、坐果对果树盆景非常重要，如果果树盆景不开花，或只开花不坐果，就不能成为果树盆景。有些果树虽能自花授粉结果，产生种子，但大多数树种和品种必须异花授粉才能提高坐果率。即使是能自花结果的品种，也需以异花授粉的方式提高坐果率。作为观赏用的盆栽果树，如果错过授粉时机，就会坐不住果，即使坐住果也很难使果成形。各种果树均有开花、授粉、坐果、发育及成熟的过程，在每个过程中其生理的变化及对营养和环境条件的要求均不相同，盆栽果树的保花保果技术必须从以下几个方面着手：

（1）开花和授粉

北方果树多在春季开花，其中杏、李、桃较早，梨、苹果、山楂次之，葡萄、柿子、枣最晚，而且同一树种不同品种开花时间亦有早晚之别。授粉时大部分果树主要靠昆虫传粉，有的树种可以自花授粉结实，如桃、李、杏的大部分品种；苹果、梨的大部分品种具有自花不实性，需通过不同品种间的花粉异花授粉才能结果，所以盆栽果树应重视人工授粉工作。为便于盆栽果树的养护，生产中最好能在一株树上嫁接两个或者两个以上的品种，这样既能省去授粉的麻烦，又能提高观赏价值。果树盆景栽培中进行异花授粉的方法是：① 配置一定比例的授粉树；② 在盆树上选1～2个侧枝，接上适宜的授粉品种；③ 在开花期间剪取授粉品种的花枝，插于水瓶中，悬挂在盆树上；④ 将剪取的授粉花枝在盆上方抖动，使花粉落下或对花授粉，对于家庭栽培少数果树盆景，这是非常有效的方法。

（2）坐果与果实发育

多数果树有生理落果现象，其落果的程度因树种、品种、树势、营养和气候的不同而异。盆栽果树的花朵数量有限，必须注意提高坐果率。除做好授粉工作外，还需采取以下措施来提高坐果率：① 花期喷硼。硼是果树不可缺少的微量元素，在花期喷硼能促进花粉发芽、花粉管生长、子房发育，提高坐果率，防治缩果病和提高果实品质。花期和幼果期喷硼砂1～2次，有促进受精、保花保果的作用，喷施浓度为0.2%，配施0.2%磷酸二氢钾效果更好。② 喷洒生长激素可以促进坐果，如

有些山楂品种结种少，不易坐果，在盛花期喷浓度50毫克/千克的赤霉素，可提高坐果率。喷洒生长激素还可以延迟成熟果实的早落，如在苹果树果实成熟前35～40天喷浓度30～50毫克/千克的萘乙酸两次（两次喷药间隔10天左右），具有延迟采摘、预防落果的效果，一般可以延迟落果7～14天。喷洒生长激素时，不要只喷花、果，应同时均匀喷洒叶片。

（3）合理留果

及时疏除过多的花和果，可节省养分、保持树势及减少落果。疏果应在生理落果之后进行。留果量要根据树种、品种、树势及果实大小灵活控制，既要达到观赏的要求，又要保证合理的果实数量，以达到使果成形的目的，同时避免大小年现象的发生。在疏花疏果时应该注意：① 疏花应在开花前结合冬季修剪或在开花期间进行，按照盆栽果树负担果实的能力，疏去多余的花芽。② 疏果应在花期后或生理落果期后进行。盆栽果树所结果实的数量与盆栽果树上叶片的数量应有一个适当的比例，一般要求每留1个果实，应有20～40片叶。③ 盆栽果树冠径在50厘米左右时，其有效叶片数多在300～500片，所以留果量要求控制在10个以内，一般选留5～7个果较合适。这样的留果量对冠径50厘米左右的盆栽苹果来说负担不重，所结果实比较丰满，既避免了树体的光合产物因结果过多而消耗太大，又不会影响第二年开花结果。

（4）精心修剪

应于花期和生理落果期进行环剥、环割和摘心来调节养分，对养分进行合理分配。

（5）肥水管理

春季开花的果树，其开花、授粉以及幼果的前期发育所需的养分，都是前一年形成并储备的。为了使果树能储备更多的养分，应遵循的浇水施肥原则是"不干不浇，浇则浇透；按需适时，薄肥勤施，切忌浓肥"。进入花期，可以稍微加大浇水量，保持土壤湿润。花谢后进入结果期，树叶和果实迅速膨大，需要消耗大量肥水，此时应结合浇水勤施含有氮磷钾复合肥的稀薄肥液。在结果期，如果施肥太浓，易烧伤根系，使地下营养运输受阻，造成大量落果；如果浇水过多，地下根系无法进行有氧呼吸，会发生腐烂，也会造成落果。因此，应十分重视水分、肥料的供应量。另外，盆栽果树虽然病虫害较少，但也要坚持"预防为主，防治结合；物理防治为主，化学防治为辅"的原则，以确保果实的正常发育。

4.5 盆栽果树的造型技艺

相对于传统松柏、花卉类植物，盆栽果树的造型技艺尚不普遍，但整形能将盆中果树按照人们的观赏喜好和树势，整成各种形状和姿态，既增加了美感，又能使果树正常生长和结果。本文以常见的盆景造型为例，介绍几种造型技艺，可以根据盆树主干的形态、树干的数量及盆树枝条的姿态等来划分。盆树的造型要尽量还原树木在大自然中的优美形态，以及繁花似锦、果实累累的丰收景象。按照盆树的特点，可划分为以下几种形式：

（1）直干式

直干式盆树主干挺拔直立或稍有弯曲，枝条分布自然、层次分明。此种造型的盆树具有顶天立地、直冲云霄的气势，给人以直木参天、奋发向上的艺术感受，参见图4-1。

图4-1　直干式

（2）曲干式

曲干式盆树扭曲呈"S"形，宛如游龙，枝叶层次分明，与主干协调搭配，参见图4-2。

图4-2 曲干式

（3）斜干式

斜干式盆树主干向一侧倾斜，重心偏于主干之外，动感极强。此种造型手法，主要是靠主干与主枝的合理分布来达到整体的平衡，见图4-3。

图4-3　斜干式

（4）卧干式

卧干式盆树主干的主要部分像被雷击、风摧后一样呈横卧状生长，树冠、枝条过渡自然，生长旺盛，见图4-4。

图4-4　卧干式

（5）枯干式

由于多种原因，盆树主干呈枯木状，树皮脱落，甚至部分露出木质部，鳞峋古朴，宛如枯峰。但在其间还有部分树干、枝条具有较强的生命力，大有"枯木逢春"的意趣，见图4-5。

图4-5 枯干式

（6）俯枝式

图4-6 俯枝式

此种造型的艺术特点是，在树干的一定高度，有一大枝向斜下方生长，其枝条舒展自然、过渡巧妙。此种造型的树干可直、可曲、可斜，但要求主干具备一定的高度，使下俯的枝条能够有空间表现，亦体现潇洒、飘逸的风韵，见图4-6。

（7）附石式

此种造型手法，以树为主、石为辅，把果树植于山石之上。其主干可选用多种造型形式，其根系沿石缝或石洞深入石下的土中，好似自然界中生长于岩石之上的树木，表现出不畏艰难、顽强奋发的生存精神，见图4-7。

图4-7 附石式

（8）双干式

双干式可分为一株双干或两株合栽。要求果树的两根主干
高低错落有致、粗细搭配合理、枝叶分布自然。在两株果树合
栽时，可选用同一树种不同果色的品种或不同树种进行制作。
别具一格，别有一番生活情趣，见图4-8。

图4-8　双干式

（9）连根式

在一株果树的根系上生长有多根主干，其底部根系相互缠绕，连接成为一个整体，树干分布自然、参差错落，见图4-9。

图4-9　连根式

（10）劈干式

劈干式盆树主干好似被刀劈斧砍过，仅留下一半或是更少的一部分。有的木质部已接近枯朽，但在其基础上的另一半上却长出枝干并生长正常。此种造型形式，给人一种苍劲古朴、老当益壮之感，见图4-10。

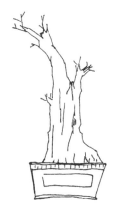

图4-10　劈干式

（11）悬崖式

悬崖式盆树主干弯曲，向下倾斜生长，宛如自然界中依悬崖峭壁生长的苍松翠柏，呈游龙探海之势。根据其悬垂的程度，可分为全悬崖式和半悬崖式。盆树枝梢超过盆底的为全悬崖式，不超过盆底的为半悬崖式，见图4-11。

图4-11　悬崖式

（12）丛林式

该种造型仿照自然界中的森林风光，将多株果树合栽于一盆之中，树干高低、曲直、斜正搭配自然，枝叶疏密过渡合理，极富山林野趣，见图4-12。

整形时通常通过控制枝条生长或者采用补接枝条的方法，将果树改造成特异的形状，也可以利用下面接花枝的方法，削弱树冠上部长势，使树冠紧凑，最终形成立体的效果。

图4-12 丛林式

4.6 盆栽果树的修剪技术

盆栽果树的修剪是调节控制其生长和结果的重要技术措施，运用得当可起到事半功倍的效果。不同时期和不同修剪方法的修剪反应和效果有很大差别，主要表现在对整个树冠的抑制和削弱及对个别枝条生长和结果的促进等诸多方面。因此，在实际运用中，必须根据盆载果树的表现、促控的需要，采取一种或几种、一次或多次的修剪措施，才能取得良好的效果。

盆栽果树的修剪，根据修剪时期不同可分为冬季修剪（休眠期修剪）和夏季修剪（带叶修剪、生长期修剪）。

4.6.1 冬季修剪

落叶果树（如苹果、梨、桃、葡萄等）的修剪时期是从晚秋正常落叶到春季萌发前；常绿果树（如柑橘类）的修剪时期是从晚秋枝条停止生长到春梢萌发前。修剪以后，枝条和芽的数量减少，翌年春季应该供应萌发芽必需的养分。同时，生长类激素的用量也应相对增加，这样有利于加强新梢生长。此外，轻截、缓放及改变枝向等冬剪措施，又可使翌年果树的生长势缓和，促生大量中短枝或结果枝。

① 短截 即剪去一年生枝的一部分，有利于侧芽发枝，增加短枝量。短截程度不同，反应强度差别也很大。轻短截的刺激作用小，利于分生短枝，常用于果树中下部的强旺枝和结果前幼树的壮枝，促进其成花结果。中短截利于恢复树势和枝势，适用于生长势较弱或受病虫危害较重的弱树。重短截利于缩小树体和形成结果枝，多用于改造徒长枝、竞争枝和已成形结果树的发育枝，可有效控制树冠，促生中、短健壮枝。极重短截可降低发枝部位，促生结果枝，明显缩小枝体，使膛内结果，但使用过多易造成树势衰弱。

② 缩剪 指从多年生枝上剪去一部分，修剪量较大，刺激剪留枝条的作用明显，但对整棵果树具有削弱作用，可有效抑制树冠扩大。

③ 疏剪 指从枝条基部进行修剪（包括一年生枝和多年生枝），可明显削弱树体和枝条长势，常用于调节树体生长、树冠形状和局部生长势，可减少枝量和分枝，利于果树内外见光，诱导产生乙烯，利于花芽分化。

④ 拧枝和压伤　指对于个别壮旺不易成花而扰乱树形的枝条，自基部向顶端拧拧，要求只伤木质部而不伤皮层，破坏内部输导组织，以阻碍营养物质和水分向上运送，从而缓和生长势，提高萌芽率，促进中枝和短枝的形成，增加结果枝的数量。这一方法在盆栽苹果、梨、山楂中，对打造垂枝树形或悬崖树形、提高果树观赏价值具有特殊意义。

⑤ 拉枝、弯枝、圈枝、别枝等　指改变枝条的正常生长态势，将其改造成斜、弯、圈等形式，强行控制枝条的生长势，使其按整形要求朝利于生长和结果良好的方向发展。

⑥ 戴帽修剪　指对一年生或二年生枝在春梢与秋梢交界处剪截，在交界处以上留几个瘪芽剪截，称为"戴活帽"。剪后前部发中枝、后部发短枝。在交界处正中剪截，称为"戴死帽"，可在春梢部分发生中短枝条。

⑦ 折伤　指对个别旺枝，可在其上部剪断枝粗的1/3～1/2，或用手强行折伤，操作时保证伤口有1/3以上的皮部连接不受损伤，折后将上部折、垂部分按造型要求固定并用塑料薄膜包扎伤口，防止失水和染病，促进愈合。折枝可起缓势和促花的作用。

⑧ 剪根　指对于生长旺盛、不易成花结果的品种或盆树，可于春季萌动前，将根系取出进行适度修剪，主要剪去沿盆壁生长的过多的须根和深入盆底的一层细根，可起到暂时抑制根系生长、增加光合产物积累和促进成花的作用，但修剪量不宜过大。

4.6.2　夏季修剪

夏季修剪主要针对旺树、壮枝和容易发生多次生长的树种，

修剪度要轻，运用得当可及时调节生长和结果的矛盾，利于果树正常生长发育。

① 摘心　指对尚未停止生长的当年生新梢摘去其生长点或嫩尖，迫使新梢暂时停止生长，增加营养积累，改变营养物质的运输方向，使养分重新分配，同时利于下部枝叶的养分积累，促进侧芽萌发和生长，增加分枝。如北方苹果、梨于5月中下旬，桃于5月上中旬连续摘心2～3次，对控制生长、增加短枝、促进成花有利。

② 扭梢（图4-13）和折枝（图4-14）　待当年生背上直立枝及向内临时性新梢生长到10厘米左右且下半部分达到半木质化程度时，用手在距枝基部5厘米处向下扭弯（伤及木质部及皮层），但不能折断，别于基部或枝杈处，使其先端下垂或将其折伤，阻碍养分运输，利于先端成花，扭伤或折伤的后部萌发小枝，可达到缓和生长势、提高萌芽率、促生中短果枝的目的。扭梢或折枝常在盆栽苹果中应用，效果较好。

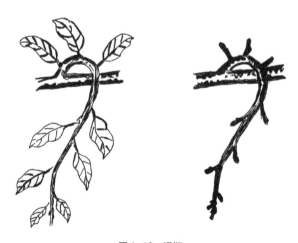

图4-13　扭梢

图4-14 折枝

③ 环剥 指将枝干的韧皮部剥去一圈，20天左右即可愈合和恢复生长，运用此法可控制枝条旺长，促进成花结果。环剥一般在叶片大量形成以后，枝干近基部已木质化但未停止生长时施行。为提高坐果率、促进花芽分化、提高果实品质，应于坐果和花芽分化前20～30天完成环剥。环剥口宽度一般以枝粗的1/10为宜。

④ 环割 指在1～2年生枝的中下部用芽接刀环割一圈，深达木质部，但不剥皮。其作用与环剥基本相同，只是作用强度稍小，在盆栽果树中应用效果良好，见图4-15。

⑤ 花期修剪 在春季能

图4-15 环割

辨别出花芽的真伪和好坏时进行。如果是"短果枝串"或"串花芽"，每个花枝可留2～4个花芽缩剪或疏剪，盆栽大果型树种如苹果不宜超过3个，小果型树种如乙女、海棠等可适当多留。

⑥ 刻伤　指为防止枝条光秃带过长，促进下部分枝，增加短枝量，可于春季枝液流动后，在需要发枝部的芽上1厘米处，用刀刻伤，深达木质部。刻伤可在1～2年生枝上施行，以直立枝或斜生枝效果较好，见图4-16。

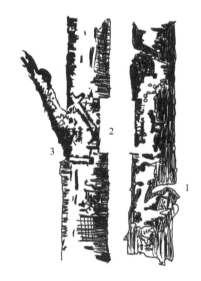

图4-16　刻伤

1—在芽上刻伤；2—在枝上刻伤；3—在枝下刻伤

⑦ 疏枝　指对于萌芽力和成枝力都很高的树种如桃、葡萄等，应适量疏除过密的枝条。疏枝时如果配合短截，应考虑及时控制二次生长，以免越剪越密，见图4-17。

图4-17　疏枝

⑧ 绞缢　指用铅丝在枝条的适当部位紧贴皮层缠绕一周绞缢，但不伤及木质部，生长一段时间后绞缢处呈蜂腰状，起到环剥和环割的作用，达到目的后，去除铅丝，以免折枝。绞缢的作用比环剥缓和，且维持时间较长。

⑨ 拧枝　用手捏住枝条基部，每隔约5厘米向下弯折一次，直至枝条梢部，只伤木质部而不伤韧皮部，使输导组织变形，枝条下垂。应在枝叶生长期枝条韧性良好不易折断时进行，可改变极性和顶端优势，达到控制生长、促进下部发枝、提高体内营养积累水平的目的，见图4-18。

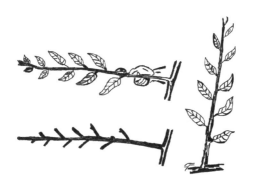

图4-18　拧枝

4.7　盆栽果树主要病虫害的综合防治技术

　　盆栽果树在有限的盆土中，生长受到抑制，对病虫害的抵抗能力一般比地栽果树弱，一旦发生病虫害，危害甚大。因此，对盆栽果树发生的病虫害应采取"预防为主"的方针，尽量避免病虫害的发生。当发生病虫害时，应按"治早、治小、治了"的原则根治，不使其蔓延。

4.8　盆栽果树的越冬防寒技术

　　在华北不会发生冻害的地区，可让盆栽果树在室外自然休眠越冬。为了防止发生冻害，可在土壤封冻前浇一次透水，再用草袋将整个容器包裹防寒。也可在冬季来临前，选择避风向阳、排水良好的场地，挖好防寒沟，将盆放入沟后，灌足水，齐盆覆土，再覆盖木板，木板上再覆土，注意早春要及时出土。在东北会发生冻害的地区，于11月中下旬将落叶果树搬入室内，室温控制在$-10 \sim 0$℃，为了保湿可将花盆放入塑料袋内，并及时浇水。

第5章

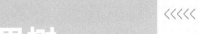

常见盆栽果树

图5-1　盆栽苹果

5.1 盆栽苹果（蔷薇科 苹果属 *Malus*）

5.1.1 主要种类和品种

适宜品种的条件：树体较为矮小，果实大，叶色鲜艳，坐果率高，抗病能力和适应能力较强。

常见品种：乙女、富士［图5-1（见上页）、图5-2］、冬红果、玫瑰秋（图5-3）、红铃果、千穗果等。这些品种的树冠较小，树形姿态优美，枝条纤细，结果的时间早，果实丰硕，结果期长。

图5-2 富士

图5-3 玫瑰秋

5.1.2 生长习性

（1）根

苹果（*Malus pumila* Miller）的根系有乔化砧和矮化砧之分。乔化砧根系强大，有一条至数条粗壮的主根和侧根，便于提根式盆景造型。矮化砧的根系多由不定根形成，须根多，主根不明显，提根后效果不理想。在盆栽条件下，苹果的根系在整个生长期均不停止生长。其开始生长温度为3℃，生长最适温度为20～24℃。在华北地区，盆栽苹果的根系有3次生长高峰：第一次从4月上旬到5月上旬，即萌动前后到春梢旺长期；第二次从6月上旬至7月上中旬，即春梢停长之后到入秋前；第三次从9月中旬以后至11月，即地上部生长缓和到停长期。

（2）芽

苹果的芽有叶芽和花芽之分。有些品种如乙女、大花皮等的壮枝上可形成多数腋花芽。

苹果的叶芽第二年不能全部萌发，其萌芽率的高低主要取决于品种和树龄，萌芽率越高，越容易形成中、短果枝，越能够提早结果实。目伤、环割和加大枝条角度，可促进较多叶芽萌发，促进提早成花。

（3）枝

苹果的花芽多为中、短枝的顶芽，在营养条件较好时，叶丛枝的顶芽很容易变为花芽，形成结果枝。

（4）花、果

苹果为顶端结果。大多数品种以粗壮的2～3年生短果枝坐果率最高，幼壮树的充实长果枝坐果率也很高。苹果的花芽为混合芽，春季先萌发出很短的枝条（果台）并于顶端着生花序。果实坐住后，果台很快增粗。果台上着生的1～2个枝条称为果台副梢。果台副梢连年结果的能力因品种而异，如国光75%的果台副梢可连续结果3年，而红星75%以上的果台副梢需隔年才可成花。

除国光等少数品种可自花授粉结果外，多数品种必须授以另一品种的花粉才可结果。受精不良的幼果可在2～3周内脱落，这种现象称为生理落果。因此，要注意搭配授粉的品种，进行人工授粉。

5.1.3 制作技术

（1）选盆与配制营养土

容器的选择应以圆形的器皿为主，这便于根系向四周均匀舒展，容器同时应具有渗水、透气等功能，满足根系生长的需求。在营养土的配制上，应选择肥沃的熟土6份、腐熟的牛粪1份、河沙2份，按比例均匀过筛挑选。

（2）砧木与品种的选择

砧木宜选用矮化砧木，并且要与所选的品种有较强的亲和力。品种宜选用果色鲜艳、丰产、嫁接后生长势稍弱的品种或短枝型品种。

（3）上盆

应选择植株健壮、枝繁叶茂、无病虫害的苗木，在4月上

中旬进行入盆栽植，栽植时用5°Bé石硫合剂浸根消毒，并剪去坏死根。首先要把少量的营养土装入盆底，再放入苗木，营养土搅拌均匀，埋土夯实，及时浇水，保证苗木存活。

（4）肥水管理

从5月份开始，萌芽前后需要施0.2%的速效性氮肥1次，每10天左右追施液肥1次，以200倍液有机饼肥为主，以尿素、磷酸二铵、硫酸铵等各0.2%的无机液肥为辅。果实膨大期进行叶面喷肥，可喷施0.3%～0.5%尿素、3%～5%草木灰浸出液。秋梢旺长、果实接近成熟时每半个月要追施1次200倍有机液肥。待到新梢停长、果实成熟时，根据植株生长情况，每10天追肥1次，以200倍有机液肥为主，配合施用0.2%的无机氮肥。盆栽苹果的土壤要在干透后浇透，萌芽期、花期、果实膨大期要及时补充水分。6月份为促进花芽分化，要适当控水；7～8月份雨季要少浇水。

（5）整形修剪

盆栽果树，可根据个人的爱好修剪树形，同时要注意枝干的角度，使之通风透光，利于花芽的生长，从而达到高产的目的。为抑制盆栽苹果的长势，促使其发枝，可对1年生苗木进行摘心，促壮主干，促发新枝。对徒长枝、竞争枝，在枝条的第5～7片叶间可进行扭梢，对生长旺盛的徒长枝和竞争枝要充分利用，达到早结果、多结果的目的。当盆栽苹果进入结果期时，树形已基本确定，根据品种合理地选留枝条，以整个树冠空间被占满、合理散叶为宜，有空间的长枝可留作培养新骨架，中、短枝培养为结果枝组，使树冠保持稳定。

（6）花果管理

① 人工授粉　在苹果开花前2～3天，从果园采取花粉，并进行人工授粉。

② 花期喷硼　在开花期用0.25%硼砂喷洒，可提高坐果率。

③ 套袋　在生理落果后进行果实套袋，在果实成熟前15～30天取下果袋，使果实着色，见图5-4。

图5-4　套袋避光，摘袋上色

5.1.4　养护管理

（1）营养土

苹果对土壤有广泛的适应性，在pH值5～8的范围内，只要砧木选择得当，果树均可正常生长，其最适pH值范围是5.7～6.7。苹果根系对盆土含肥量的适应性较强，以含肥量（腐熟厩肥）20%左右的疏松通气的培养土为宜。

（2）促壮

4～6月间加强追肥是促壮的主要措施。一般10天左右追施有机液肥或0.2%～0.3%化肥水一次。生长前期，可追施含氮量较高的肥料，也可有机肥、无机肥交替施用。6月上旬以后，苹果进入花芽分化期，应控制氮肥，增施磷、钾肥，以促进成花。

（3）控旺

防止用盆过大是控制果树营养生长过旺的有效途径。盆大

树旺、盆小果早是盆栽苹果中常见的现象。应根据盆树的大小合理选盆，一般选径为26～30厘米的花盆栽植未结果和初结果的小型盆树较合适，大型盆树应视其体积适当加大用盆规格。

（4）促花

① 改善树体光照，增加光合产物的积累。

② 及时疏除过多的花果，减少光合产物的消耗。

③ 合理施肥浇水（如干旱处理），保证树体营养。

④ 控制枝条及时停长，诱导光合产物参与花芽分化，如环割（刻）、环剥、拉枝、扭梢、折枝、拧枝（干）和将枝条软化、生长抑制剂处理。

（5）保花保果

对于自花授粉不结实或结实率低的盆栽果树品种，可采取人工授粉的方式提高坐果率。对于花芽数量多、坐果率较高的品种，可采用疏花疏果的方式进行造型，并提高单个果实的质量以及观赏价值。在果实成熟期，水肥过量会加速果实成熟，使其早落，缩短观赏周期，此时可停止施肥、减少浇水。

（6）病虫害防治

主要病害：早期落叶病、炭疽病、轮纹病等。

主要虫害：蚜虫、红蜘蛛、桃小食心虫、梨小食心虫等。

① 苹果早期落叶病　苹果早期落叶病是一类真菌性病害，叶子发病后早期枯黄脱落，包括褐斑病、灰斑病、轮斑病和斑点落叶病，它们的病原和症状各有不同，但目前危害性最大的是褐斑病。波尔多液（1：2：200）、70%甲基托布津800～1000倍液（70%甲基托布津可湿性粉剂兑入800～1000

倍水，混匀后使用）等药剂可有效防治该病害，一般每年喷3次，分别在5月上中旬、6月上中旬、7月中下旬。

② 苹果炭疽病　又名苦腐病、晚腐病。此病造成的损失很大，危害近成熟的果实。

果树发芽前喷三氯萘醌50倍液或五氯酚钠150倍液，铲除树体上宿存的病菌。果树落花后每隔半个月喷一次50%退菌特800倍液（加入0.03%皮胶）、1：2.5：（200～240）的波尔多液、50%甲基托布津800倍液、80%大富丹、4%农抗120的600倍液或80%炭疽福美800倍液等。

③ 苹果轮纹病　也叫粗皮病，主要危害枝干、树皮和果实，也可危害叶片。

在果实生长季节适时喷药可保护果实。5～8月，可用50%多菌灵600倍液加入90%疫霜灵700倍液、70%甲基硫菌灵800倍液、50%退菌特600～800倍液、1：（2～3）：（200～240）的波尔多液或大生M-45的800倍液等，每隔15～20天喷药1次。

④ 蚜虫　俗称腻虫、蜜虫等，常见的有绣线菊蚜和苹果瘤蚜。

常选用的防治药剂有10%烟碱乳油800～1000倍液、3%啶虫脒乳油2000～2500倍液、25%辟蚜雾水分散粒剂1000倍液、2.5%扑虱蚜可湿性粉剂1000～2000倍液、10%蚜虱净可湿性粉剂4000～6000倍液、20%康福多浓可溶剂8000倍液、50%灭蚜松可湿性粉剂1500倍液、21%灭杀毙3000倍液等。

⑤ 山楂叶螨（红蜘蛛）　常选用的防治药剂有10%霸螨灵悬浮剂2000倍液、15%扫螨净乳油2000～3000倍液、20%螨死净乳油2000～3000倍液、5%尼索朗乳油2000倍液、99%机油乳剂200倍液、5%卡死克乳油1000倍液等。

图5-5　盆栽梨树

5.2 盆栽梨树（蔷薇科 梨属 *Pyrus*）

5.2.1 主要种类和品种

我国幅员辽阔，各地自然条件不同，种植的梨树（*Pyrus bretschneideri* Rehder）品种也有所差别。盆栽梨树（见上页图5-5）的主要品种如下：

（1）早魁

早魁为早熟品种，果实形状偏椭圆形，平均每单果重260克。果实表面呈黄色和绿色，成熟后则呈金黄色，果皮薄而无锈。树体结实，生长时较为旺盛，发芽率高，分枝力强，主要是短枝结果，次生枝条结果具有中等连续性。在自然授粉的条件下其结实的成功率较高，具有高产的特点。

（2）华酥

华酥（图5-6）为早熟品种，这种果实的形状几乎是圆的，平均单果重为250克。果皮表面黄绿相间、光滑、具有蜡质感，并且无果锈，外观美观大方。树姿中等挺拔。发芽率比较高，整个树的成枝力中等，主要是短枝结果，果台次生枝连续结果能力中等。花序坐果率高，具有早果、高产的特点。

图5-6 华酥

（3）绿宝石

绿宝石又名中梨1号，属于早熟品种。果实形状偏圆形，平均单果重220克，因其果实呈翠绿色，所以有"翡翠"之称。果实表面光滑、有光泽。在北方的花盆里生长没有发现果实有锈斑，而在南方的花盆里生长有一点锈斑。

树的生长势较强，幼树较为直立，成年树则比较开张。发芽率高，分枝能力中等，以短果枝为主要结果枝，花芽的特征明显。在自然的授粉条件下，结实率高，具有良好的高产性能。

（4）黄冠

黄冠为中熟品种。果实形状偏椭圆形，平均每个果实重280克左右。果实呈黄绿色，袋装果实呈乳白色，果实小，表面光滑、无锈。树体强壮，幼树茁壮成长。发芽率高，发枝能力中等。其结果枝以短果枝为主，果台副梢的连续结实能力也很强，幼树期有显著的腋芽出果现象。在自然授粉条件下，结实率高，具有良好的高产性能。

（5）红南果

红南果系"南果"，属于梨芽突变品种。中熟品种，果实形状偏亚圆形，中等大小，平均单果重不超过100克。阳光充足的条件下背光面果实表皮颜色为黄色偏绿，同时朝阳面呈鲜红色，形成鲜明的对比。鲜红色覆盖整个果实的60%以上。果实表面光滑平整，果实大而致密，外观华丽。树体长势中等，枝干挺直。整个果树的发芽率中等，成形力较强。幼树的主要结果枝为长果枝，而成年树则以短果枝群结果为主。果树具有中等连续结果的能力和较高的花序坐果率。

5.2.2　生长习性

梨树果实较大，是盆景的主要欣赏点与特点所在。改造冠层时，应根据植物的形状和营养储备来确定果实的大小、数量和分布，以便在一定程度上进行调整。一般来说，盆栽梨树约种植后的3～4年开始结果。对土壤、肥料、水分管理和病虫害防治要着重进行，确保秋季落叶正常。冬季正常进行整形修剪，并且生长期要着重进行夏季修剪，秋季开枝角，促进树冠内的枝叶对阳光的吸收。

5.2.3　制作技术

梨树种类繁多，可选秋子梨、山地梨、杜梨、豆梨等作为砧木，生长能力强、质量较好、易挂果的梨树种类可作为接穗，嫁接则采用芽接或枝接。砧木既能人工繁殖，又可利用果园中的老梨树或畸形的树桩，对于早期分枝和古朴而有活力的梨树旧桩可以通过"绿化"恢复其活力，待它长出新的枝条后移植。一般来说，在10～12月进行挖植较好。首先，在地下或大盆中种植。栽植前要整形，切断主根，保留侧根和须根，并切断多余的枝条。种植后浇透水，把盆放于背风向阳处，保持盆内土壤湿润，以确保其存活。梨树适用于制作各种类型的盆景，如斜干式、双干式、直干式（图5-7）、曲干式、丛林式、卧干式等。在改造冠层时运用短截、割、扭、弯等方法，控制枝条生长的方向与数量，进而使短枝得以生长，从而培育出结实的

果枝，使盆景枝叶丰满、果实数量适中。为了增加盆景整体的意境感，可对梨树根系进行提根处理，使其显得更加古朴、具有年代感。

图5-7　直干式梨树盆栽

5.2.4　养护管理

（1）温度

无论什么植物都有属于它自己生长的最低温度、最适温度和最高温度。只有在温度达到它的最低生长温度以上时，植物才开始逐渐生长发育；当温度在其最适生长温度范围内时，植物的生长发育才会呈现良好状态；而当温度达到其最高生长温度及以上时，植物将面临"死亡"的危险。保持适度的气温对于植物来说是极其重要的，由于气温影响着植物整个生长周期的土壤环境、土壤温度，因此也就影响着植物根系整体的生长与发育。气温不仅影响着土壤温度，还直接影响着植物的新陈代谢和蒸腾作用的强度，因此保持适宜的温度是植物生长过程中的重中之重。

因梨树树冠生长旺盛，年生长量大，顶端枝条茂盛，所以无论用何种盆景形式，都要采用打头和摘心的方法控制枝条的生长，构成短而密、自然优雅的树冠，促进其生长，并且促进其从营养生长向生殖生长转化，有利于花芽的形成。梨树的生长环境一般较为温暖湿润，而其对环境的适应性很强，具有耐寒和耐高温的特性。生长期可将梨树放在空气流通的地方进行培养。

（2）光照

光照是植物进行光合作用时不可缺少的条件。植物通过光照进行光合作用并且完成能量转换。

梨树的生长环境不仅需要保持适宜的温度，还需要确保阳光的充足补给，所以生长期不仅要将梨树放在空气流通、温暖湿润的环境中，而且要放置在阳光充足的地方让其进行生长。如果所放位置光照不佳，不能进行良好的光合作用，树枝就不能充分生长，而花蕾也就不能充分生成，所以光照是影响盆栽梨树生长的重要因素。但环境是不可控的，冬季的环境与梨树盆景所需的生长环境相异，所以在冬季可将梨树盆景放置在温暖避风的室内，位置朝阳，使盆土保持恒温，让梨树安全越冬。

（3）水分

因梨树的叶子对于水分尤为敏感，缺水时间久了将会导致叶片的枯萎（图5-8），尤其是在前花期、后花期以及果实速生期。假若水分供给充足，则叶片大而旺盛；反之，叶片则往往会蔫萎，甚至枯萎脱落，进而导致后期的幼果不完全生长、果实的增重率下降等。所以在梨树生长过程中要注重供水问题，见到泥土微干就要浇水。在耕作中，也须及时灌溉土壤以避免水分流失所导致的干旱现象，并且在夏季高温干燥时，需在树叶上喷洒一些水，保持叶片组织内水分平衡。6月中下旬是花芽分化阶段，此阶段尤为重要，所以在植物水分的供应上进行短期干旱处理，以此抑制新梢生长，增加枝条的长短比例，促进花芽的分化作用。即采用"蔫萎-灌溉-蔫萎-灌溉"的反复处理方法，以20天左右为一个周期。在6月上旬可采用割伤主干枝的方法，增加中短枝的比例。在秋季，应适当控制灌溉量，形成冬季来临前的一个过渡。冬季应勤检查土壤水分的存储，保持充足的水分，避免产生干冻现象。

图5-8 缺水致叶片枯萎

（4）肥料

梨树盆景的种植需要大量肥料。盆栽时，施足肥料是种植的基本。而施肥也是需要讲究方法的，不是看到了或想起来了就可以随时施肥。其施肥要按照如下方法进行：在梨树生长季节要施腐熟的有机液肥，每15～20天施用一次；梨树在萌芽期、花芽分化期和果实膨大期则对肥料的需求量较大，除施腐熟的有机液肥外，还需增加磷钾肥的用量，将0.3%磷酸二氢钾溶液均匀地喷洒在叶的表面上两三次，以满足梨树盆景开花和果实生长的需要。

由于梨树盆景的需肥量大，所以一般要在生长季每隔10～15天追有机肥一次。而在需肥较多的萌芽期、花芽分化期、果实膨大期，除充分追施150倍的有机液肥外，还应增施磷钾肥，这样才能满足开花、结果、树体生长的需要。

（5）修剪

盆栽梨树需要及时修剪，剪去多余的重叠枝、枯死枝、交叉枝等，促使整个植株下部发枝，培养出紧凑的结果枝群，在外观上显得更加饱满且富有层次。

所以在梨树盆景的基本形状保持稳定之后，就要开始注意保持树体生长旺盛的状态，为的就是使梨树盆景可以年复一年地结果，保持其结果的持续性。通过对其枝条的修剪，可促进枝条的发育和果实的生长。并且修剪之后可以保持梨树盆景的层次性，使其更加密实、紧凑，清晰地表现出艺术效果。由于盆栽梨树的种植空间有限，所以营养供给也是有限的，因此留果数量也应适宜。在一般情况下，每个花序留有2个以内的果即可。

（6）盆土

① 土壤　梨树的盆土需要每1～2年在春天翻一次。在土质的选择上需要以渗排能力良好、质地松软且肥沃的中性砂质土壤为最适土壤，而在酸碱度上选用pH值5.8～8.5的土壤为最佳。

② 用盆　由于梨树的根系较为发达，其生长势较强，所以在初期栽培时宜选用较深的素烧盆。在树形成型后再将其换入紫砂盆内即可。在紫砂盆的选用上应以树的整体造型为基础，尽量避免使用浅盆。

（7）促花保果

应于6月中下旬开始对梨树盆景进行短期干旱处理，从而明显抑制新梢生长，增加中、短枝比例，促进花芽形成。

梨树的多数品种自花授粉结实率极低，在盆栽数量少或品种单一时，需要进行人工辅助授粉。

（8）越冬防寒

梨树的抗寒性较强，在华北平原的中南部地区，可选择在南侧无遮蔽物的背风向阳场所露地越冬。但需勤检查盆土墒情，及时补水。

图5-9　花期盆栽山楂

5.3 盆栽山楂（蔷薇科 山楂属 *Crataegus*）

5.3.1 主要种类和品种

山楂（*Crataegus pinnatifida* Bunge），蔷薇科山楂属，属于落叶灌木或小乔木，民间也有称其为"山楂果"和"山里红"的。植株多分叉枝且无刺或少刺，树皮呈深棕色，与大多数树木的树皮颜色相近。其叶子形状近似三角形或菱状卵球形，叶片边缘有大小不一的锯齿，叶子以绿色为主。4～6月是山楂花的开放期，一朵朵的小白花盛开在枝头尤为美丽，伞形的花序是从树枝或上部叶腋中抽出的，见上页图5-9。果实形状偏球形或椭圆形，成熟时呈酒红色或橙红色，很是艳丽，并且在果皮的表面上还不时地长出一些"小雀斑"，为整个果实添加了一丝趣味性，见图5-10。果实的成熟

图5-10　果期盆栽山楂

期一般在9～10月份。

山楂种类繁多，无论是整体的大小、叶子的形态还是果实的样子都大不相同，各有各的特点。果实大小的差异也是巨大的，最小的直径仅为0.8厘米，最大的直径可达4厘米。在山楂盆景的制作上也是有很大学问的，应该选择中等偏小的植株来进行盆栽。这类植株的叶片虽很细小，但果实易挂，坐果后果实的颜色则较为艳丽，可以使人产生很强的食欲。盆栽山楂选用的品种有北山楂、南山楂、伏里红、湖北山楂、艳果红、山东大金星等，种类众多，种植范围较广，所以山楂是一个不可多得的盆栽树种。

5.3.2 生长习性

（1）根

山楂根的再生能力强，这为盆景移植提供了有利的条件。山楂盆景的根系发达，易丛生须根，所以为了营养的均衡和保持其整体造型，应随时关注根部的生长，及时剔除多余的无用根。

（2）芽

山楂的芽分为叶芽、花芽和潜伏芽。叶芽较小；花芽较大且以混合芽为主，山楂的芽表现为体积较大、较为饱满、形状偏圆形时，一般多为花芽，分布在枝条的顶芽、侧芽上；潜伏芽由未完全发育的芽组成，并具有寿命长的特征。芽可发育为枝条，可通过外界刺激处理（如摘除顶芽等）来调节不同位置枝条的发育，这为改变盆景整体的生长形态创造了有利的条件。

（3）花

花芽分化在新梢停长以后（7月）开始，8月中旬达到顶峰，为的就是可以使其成花更为容易，避免了与枝条竞争养分从而造成营养分配不均的问题。而枝条转变为花芽的情况是在营养充足的条件下才能出现的。因此，花芽分化期加强营养管理是重中之重。

（4）果实发育

山楂盆景具有开花容易、结果早、结实率高达90%以上等优点。山楂花是两性花，具有自花授粉和单性结实的能力。从总体上讲，一般嫁接良好的山楂盆景第二年就可以结果。所以在良好的管理条件下，就能出现果枝丰收的景观。盆栽山楂的种植重点是要注重对果实母枝的培养，母枝越强健果实越好。山楂的果实发育期一般为150天左右，花期过后的2个月内是果实第一个快速生长期，在这个阶段，果实纵向生长很是迅速，变化较为明显。而第二个快速生长期在果实成熟前，持续时间为一个多月，此阶段果实横向的生长变化明显大于纵向的生长变化。山楂的落果集中在开花后的几周，其余时间段落果相对较少甚至没有。山楂果实成熟后容易从果枝上脱落，因而其观果期较短，但在生长素的作用下其观果期可延长至11月，大大增加了人们的观赏时间。

（5）对环境条件的要求

山楂对温度的适应范围较广，无论是−15～−20℃的低温还是高达40℃的高温都能良好地耐过。有记载表明，山楂可以在短期内忍耐−36℃的低温和43.3℃的高温，可以在年平均温度为4.7～16℃的地区种植。

5.3.3 制作技术

（1）苗木培育

山楂根茎具有很强的发芽能力，可直接利用根蘗苗作为砧木，并且在萌蘗后，山楂树的须根很发达，侧根则繁多而集中，是不可多得的盆栽树种。

苗木进入苗圃三年后根系较为发达、粗壮，易培养成为优良、健壮的盆栽苗木。山楂幼苗的枝条数量往往较少，一般采用摘心与加大枝条角度的方法，促进新枝的生长与降低植株高度。

生产过程中那些不好的大苗、残木、小树可以直接利用。由于山楂根茎具有很强的发芽能力，再生能力很强，可以直接将大树制作成桩材，这类老桩上盆后成活率很高。

（2）造型修剪

山楂树的枝条又脆又硬，在生长季节拉伸时很容易在弯曲部位断裂，所以此时拉枝是最为困难的。但在山楂树的萌芽期前枝条的韧性极强，在此时拉枝极为容易，所以此时拉枝是最好的选择，也是枝条整形的集中操作时机。在山楂树生长过程中，如要改变枝条的生长角度，可以采用折枝的方法。

① 修剪幼龄树　山楂树苗的顶端具有显著的生长优势，成枝能力弱。整棵树经过修剪只能产生少数50厘米或更长的强枝。因此，应遵循尽早培育侧枝的原则，幼树时保留更多的分

枝，合理把握侧枝生长，防止独留一根裸露的主干。

a.冬季修剪　把握山楂树盆栽的技巧，不要肆意修剪。其原则是主干要矮小，主枝角度越大越好，强枝不宜截留过长。修剪时，不要出现稀疏或较多稀疏枝条的现象，防止枝条数量的进一步减少而对树的生长造成影响；对直立的强枝或过长的枝条进行短截，保持整体的平衡性；后部的枝条在短截之后一定要拉平，以防之后肆意乱长。

b.夏季修剪　萌芽前后在强壮枝下部芽的上方0.5厘米处进行横向切割，切断其表皮层，进行目伤，并且与拉枝相结合，可起到促枝的作用。当旺盛的新枝条长到20厘米以上时，可摘除该枝条的顶芽，从而抑制其过度生长，以控制各枝条间的生长比例。从7月中旬到8月上旬，对生长旺盛的盆栽山楂进行环割，可以抑制秋梢的发生，进而促进花芽分化，并且可以运用拉伸或折枝的方式对直立且在30厘米以上的强壮枝条进行整形，固定其生长形态与方向。但盆栽山楂也有无法观赏的时候，比如当幼树未定型或花果数量太少时，就无法满足观赏的需求，所以在此时应对花果进行疏减，以确保来年的观赏效果。

② 结果树的修剪　山楂具有壮枝结果、枝顶结果、表面结果、向阳结果等特点。修剪得当可使山楂树具有较好的连续坐果性。

a.修剪原则　成熟树木的修剪应保持树形的稳定，并培育和保持一定的壮果、短粗枝条，以确保连年的丰收与产量的稳定。

b.冬季修剪　遵循"疏""缩"原理，疏除细弱与多余的枝条，以保证粗壮枝条的生长。延伸到果树整体外部的枝条，影

响了整体树形，所以这样的枝条也应收缩，否则会导致连年的树形失控。当细长的枝条缩回时，切口下方应有适当的分枝，以便使其恢复活力。

c.夏季修剪　当结果量过大时，盆栽山楂往往无法产生足够的果枝供给来年结果，从而形成不同年不同结果量的现象。但是可以通过疏花来调节结果量。疏花主要指整个花序的疏减。除去数量少、生长较弱、过密的花序，使花序均匀地分布在花冠上，以便观察、欣赏。其方法是将结果枝与营养枝的比例调整在1∶2左右。而对于生长缓慢的树木，应适当减少结果枝的数量，使两者的比例约为1∶3。可以在5月对个别旺枝进行摘心，防止其过度生长和形成秋梢。

5.3.4　养护管理

（1）施肥

从发芽到开花是山楂需肥的集中期。本阶段山楂需要更多的氮肥，可将0.2%～0.3%无机氮肥和有机液肥交替使用，其施肥的时间间隔为7～10天。而在开花后施肥的次数可适当减少，施肥时间间隔为10～15天。但值得注意的是，在7～8月要控制氮肥的供应，此要求是为了防止秋梢发生过量和花芽分化过度的现象发生。还没有结果的树木可以控制一下水分的供给，给予其一个相对干旱的环境促进其生长。秋季应加大施肥量，保证树木营养物质的积累，并为来年的营养生长和开花结果奠定基础。

（2）保花保果

保花保果是指在开花期间喷洒30毫克/千克的赤霉素或盛花期喷0.5毫克/千克的三十烷醇或0.3%尿素追肥，这三个方法均有很好的效果并且还可提高坐果率。在开花期将树干去皮或环切也可提高山楂树的坐果率，但此法应该在强壮树上实施，在环剥的环节中要尤为小心，否则会产生与保花保果相反的效果——落花落果。

（3）病虫害防治

山楂病虫害少，盆栽植株较少时常年无需喷药物。

山楂主要的病虫害有：

① 山楂白粉病　对新梢、叶、花、幼果等有害。在病害的早期阶段，会产生白色粉末状物质，之后逐渐演变成黑色颗粒状物质，整个组织开始变色和坏死，导致落叶较早，大量地落花落果。防治可用20%粉锈宁乳油3000～4000倍液，在开花前后进行喷洒。

② 红蜘蛛、蚜虫　防治方法可参阅盆栽苹果部分。

（4）防寒越冬

山楂具有较强的抗寒性与耐寒性，可在寒冷地区越冬。在河北中部，冬季温度最低可达-15℃，山楂树仍可以露地栽培度过冬季，但要以水分充足为主要条件、以在背风向阳处种植为辅助条件进行栽培。此外，冬季应经常检查盆中土壤的水分与营养情况，特别是在春节后要保证充足的水分供给。

图5-11　盆栽桃树

5.4 盆栽桃树（蔷薇科 桃属 *Amygdalus*）

5.4.1 主要种类和品种

桃树（*Amygdalus persica* Linnaeus）成花容易，结果也较早，栽培和管理比较简单，很适合进行盆栽。盆栽的桃树（见上页图5-11）树姿开张、自花结实能力强、坐果率高，果实较大、果形奇特、果色鲜艳、成熟较晚、品质优良。常见的盆栽桃树品种有大久保、早玉桃、五月鲜、岗山白、鸳鸯垂枝桃、寿星桃等，这些盆栽桃树都具有很高的观赏价值，使用半成品苗或者一年生成品苗种植均可。苗圃中多年未出圃的桃树苗与大棚、温室中淘汰的多年生桃树苗也可用来盆栽。

5.4.2 生长习性

桃树的繁殖方式多以嫁接为主，实生苗不易结果，选苗时选择根系发达、须根多的植株。桃树的耐寒性好，盆栽种植不能浇水过多，如受涝3～5日，轻则落叶，重则死亡。盆栽桃树喜欢以富含有机质、排水性良好、肥沃的土壤作基质。桃树的根系生命活动旺盛，一年内可抽生多级次生枝，其叶芽具有早熟性，这是桃树生长旺盛、成形较快、结果较早的生物学基础。

图5-12 去顶后的盆栽桃树

种植桃树的盆土中要施充足的有机肥作为基肥。为了利于其根系吸收养分，从春天开始一直到夏天，肥料、水分的供应要充足。

一般嫁接苗定植后1～2年开始开花结果，3～5年进入结果旺盛期。生长旺盛期将其主干顶部剪掉，让侧枝生长，侧枝越强壮、越发达，坐果率越高，见图5-12。

由于盆栽桃树根系的耗氧量大，盆土长时间在潮湿的空气中通透性差，氧气含量不足，根系容易腐烂，因此应该注意防止盆土积水，夏天雨季要把桃树盆体侧放。秋天盆土浇水时要浇透，等干透再浇水。秋末冬初可在盆土表面撒施有机肥，盆土保持微潮，使其慢慢滋养根系，为明年开花结果打下基础。

5.4.3 制作技术

（1）栽植

桃树是落叶树种，栽植要选择矮小、芽多饱满、枝条粗壮的苗木。最佳的定植时间为春季萌芽前或秋季落叶后。栽植方法是先用瓦片盖好盆中的通气口，在通气口的四周放几块鹅卵石或者大土块，以防细土堵塞通气孔，影响排水，再放入1/3的营养土，填土的同时压实，土填到八九成满的时候再浇水，等待水干后再盖上一层营养土。栽植后要保持土壤湿润。

（2）容器

盆栽桃树适宜选用瓦盆、瓷盆或木桶盆等栽植，瓦盆栽植的效果最好。一般选用的盆的直径为30～40厘米，栽植3～4年后要换盆，新盆的口径要在50厘米以上，通气孔要大，有利于排水通气。

（3）营养土配方

按照1：1：1：1的比例将锯末、肥土、沙子、厩肥放入容器中，每立方米营养土加上复合肥、磷肥各10千克，菜枯20千克，混合堆积在一起，用薄膜覆盖，混合堆积的时间最好在6个月以上，以便充分发酵。

5.4.4 养护管理

（1）整形修剪

① 出圃修剪　在出圃前保留较多的枝条和叶片来保证盆栽桃树的果实发育对营养的需求，可在其休眠期再修剪。有些枝条的方向、长度、位置不当，会影响整体的造型美观，在作为商品销售出圃之前应对上述枝条予以短截修剪，以提高其观赏价值。

② 休眠期修剪　因为早期花芽不能辨认，或者为了防止冻伤、机械损伤花芽（这些会影响结果数量），所以要多留一些花

芽，等到春季花前或花期再剪。此时修剪的目的主要是定蕾定果。如果花枝过少，可少量剪除基部叶芽。对短果枝串或腋花芽可剪除先端并适当疏除部分花芽，使其结果紧凑。大果型盆栽桃树的花芽可以少留些，小果型盆栽桃树（图5-13）的花芽可以按疏密程度、着生部位及整体造型适当多留。疏花时只需剪掉花蕾，不要伤到果台，因为果台发生的副梢，大多数当年仍然可以开花。

图5-13　小果型盆栽桃树

③ 生长期修剪　生长期内只修剪掉部分枝叶，因为修剪会刺激枝条再度萌发，从而加大养分的消耗，严重抑制主干和分枝的生长，所以此时要减少修剪，而且要针对旺树、旺枝修剪。如果运用得当，可以调节生长与结果的平衡，有利于桃树正常生长发育，提早成花，加速骨干枝、结果枝的培养，达到缓和树势的目的。常用的措施有：a.适时摘心。摘心是对尚未停止生长的当年的新生枝梢摘去嫩尖。摘心具有控制枝条生长、增加分枝的作用，在5月中上旬连续摘心2～3次，能够促使桃树提早长出枝梢、形成花芽，控制养分竞争，培养结果枝组。b.疏枝抹芽。在生长季节疏枝抹芽对桃树长势具有较大的削弱作用，但此行为只针对枝叶茂密的桃树。因为这类桃树的萌芽力和成枝力均很强，而且一年内能多次生长，若修剪养护不当，容易造成树冠郁闭、通风透光不良，所以应该疏除部分过密枝，原则上"去直留斜"。疏枝抹芽、去除萌芽宜及早进行。

（2）水肥管理

① 合理施肥　盆栽桃树的施肥，要少量多次，以防烧根，也便于根系充分吸收，减少养分的流失。要根据不同生长发育期对肥料的需求，在肥料选择上应注意有机肥与无机肥、迟效肥与速效肥、大量元素肥料与微量元素肥料的结合。盆栽桃树不同于其他盆栽果树，它要求以磷钾肥为主，只有满足其对磷钾肥的需求，才能达到早结、多结的目的。此外，还必须做到因地制宜。春、秋季多施，夏季少施，休眠期不施，盆土含肥量高的少施，反之多施。因为桃树在萌芽时消耗了大量养分，所以在花后应及时追肥，这次追肥关系到植株开花后

的生长和花芽的分化。肥料可以用氮磷钾复合肥。施肥宜浅不宜深，施后及时浇水。在开花盛期可喷一次0.1%硼砂液来提高坐果率；在花后果实膨大期也正是新枝旺盛生长期，需要施用的磷钾肥较多，可于根部和叶面追施，而以叶面追施液体肥的效果较好。一般根施以经发酵处理后的花生饼、豆饼、菜籽饼、鸡粪、人粪尿等肥料为好。以饼肥为例，可将其破碎后装入水盆中，用水浸泡许久，发酵后采用上层肥液，以20～30倍水稀释后施用。饼肥也可作干肥施，即将饼肥加四成水后发酵，而后进行干燥，施肥时将干肥埋入盆边四周，通过浇水使肥料分解供桃树生长利用，但用量不宜过大。同时也可进行叶面施肥，前期喷0.2%～0.3%尿素液，后期果实开始着色时喷0.2%～0.3%磷酸二氢钾液2～3次，以促进果实成熟、枝梢充实和花芽分化。

② 适时浇水　盆栽桃树的浇水是非常重要的养护管理措施。盆栽桃树的根系不能与地下水相通，水分的来源全靠人工灌溉。夏季除了植株吸收与蒸腾作用外，盆壁的直接蒸发量也很大。因此盆栽桃树失水比农田桃树要快得多。如果不注意浇水，盆土忽干忽湿，会妨碍植株的正常生长，轻者会叶黄脱落，重者会干枯死亡。盆土过湿容易烂根和死根。浇水次数和时间间隔应根据季节、气候和土壤湿度的不同进行调整。

盆栽桃树采用软水喷浇较好，可用河水、湖水、雨水等，如果使用自来水与井水，要注意水的温度，通常将水先放入水池或水缸中贮藏一段时间，经晾晒后才可使用。盆栽桃树浇水的时间一般在上午9：00前或下午4：00后。浇水要浇透，不能浇半截水。最好用喷壶浇水，喷出雨点状水滴。要保持盆土上、下湿度一致。浇水时可以先喷浇叶片，洗去叶片灰尘，有利于进行光合作用。一般春、秋季节气候温和，1～2天浇水一次；夏季高温炎热，有时需要早、晚各浇一次水。如果连续下雨，应及时排水。冬季也要隔1～2周浇一次水，有利于盆栽桃树过冬。

（3）促花保果

盆栽桃树在6月初至7月初这一时期的生长处于不稳定状态，对内外环境因素的变化有较高的敏感度。在适当条件下，芽体细胞的生理状态和代谢方式极易由叶芽状态转变为花芽状态。该时期是控制花芽分化的关键时期。影响盆栽桃树花芽分化的环境因素有水分、光照、营养物质等。

① 促花

a.掌控环境　土壤中氮肥过多很容易造成植株生长过旺，进而影响成花，因此对生长过旺的盆栽桃树应该控制氮肥供应量，同时增加磷钾肥的供应量；在花芽开始进入生理分化期时进行干旱处理，使盆栽桃树处于缺水状态，这样可以很好地抑制其生长，调节激素平衡，促进营养物质积累和花芽分化，增加花芽的数量。盆栽桃树应摆放在背风向阳的地方进行日常养护管理，特别是在花芽分化前要满足其对光照的要求。光照充足，叶片才能健壮生长，树体才会有很强的活力。盆栽桃树的营养状态，决定果实的产量和质量，给树体补充营养，可以提高果实的色、香、味以及其耐贮性和观赏价值。

b.调控植株　利用生长期的修剪、整形、摘心、拉枝等养护管理措施，控制其生长势，改变其内源激素的分布，增加养

分积累。利用扭枝、拧枝、折枝、环割等技术，使输导组织受到短暂的损伤和干扰，阻碍水分和养分的输送，造成植株损伤部位以上部分的生长被强烈抑制，有利于营养物质的积累。

c.药剂处理　实践证明，向盆栽桃树喷洒多效唑，可以明显控制新梢的生长，促进花芽的形成，矮化树体，还可以促进短枝和花芽的生长。

② 保果

a.加强肥水管理，保护叶片完整，抑制秋梢旺长，提高树体贮藏营养物质的水平，春季从萌芽至花前施以尿素为主的速效肥或者无机液体肥料，盛花期喷洒氮、磷、钾肥等多种营养物质肥料，使其坐果率提高。盛花期以及幼果期喷施1～2次0.1%～0.2%硼砂，促进受精，提高坐果率。

b.确定适宜的留果量。要根据树体大小、果实大小，在实现观赏价值的基础上，及时确定留果量，集中营养供应，减少养分消耗，保持树势，减少落果。适量结果可以使生长势得到缓和，有利于当年花芽的形成。

c.花期及生理落果期进行摘心、环割来抑制营养生长，促进生殖生长，使营养物质的分配得到调整。

（4）病虫害防治

① 虫害　在开花前以及落花后的生长季节可喷洒氰戊菊酯（速灭杀丁）2000～4000倍液，防治红蜘蛛、蚜虫、卷叶虫以及蚧壳虫等害虫。果实采收后如果发现虫害，需继续喷药。

② 病害　在落花后的生长季节喷施多菌灵、托布津800～1000倍液，可以防治桃炭疽病等多种病害。

盆栽桃树流胶病是一种比较常见的病害，当年生的幼树也会发生，可以造成树体早衰，严重者甚至死亡。

③ 病虫害防治措施

a.农业防治　要选择地势高、排水通畅的圃地，使用透水性好的砂质土壤作为盆栽的基质，尽量不要从多年种植桃树的田间取土。加强养护管理，增强树势，以提高桃树抗病虫害的能力。

b.修剪病枝　冬季要将树上的病枯枝剪掉并集中销毁，减少病原菌的数量。

c.保护树体　冬春季将树干涂白，来预防冻害；加强对天牛、蚜虫的防治，减少其侵害树皮；在圃地作业时，尽量避免对树体造成伤口，以降低其发病概率；发芽前后要刮除病斑，并涂抹杀菌药剂。

d.药剂喷杀　在发芽前后用100倍波尔多液或退菌特800倍液喷洒、涂抹病株，以减少侵染源。在3月下旬至4月上旬发病初期用多菌灵、托布津800～1000倍液，每隔10天左右喷洒1次，连续喷洒2～3次（盛花期不喷药），并注意交替使用药物。

（5）换盆土

每过两年盆栽桃树就需要更换一次容器和营养土，换盆的时间在盆栽桃树落叶后，即12月左右最为适宜。更换的容器要比之前的大，将老的营养土添加肥料后重新堆沤，换盆时要轻拿轻放，不要损伤根系和枝条，对于老化的、腐烂的根要进行剪除，确保其长出新的根系。

图5-14　盆栽杏树（一）

5.5　盆栽杏树（蔷薇科 杏属 *Armeniaca*）

5.5.1　主要种类和品种

杏树［图5-14（见上页）、图5-15］的许多优良品种多产自我国西北及华北地区，如兰州礼泉梅杏、大接杏、巴旦杏、水晶杏、金妈妈杏、梅杏、红甜杏、大扇头等。此外，还有从日本引进的信州大果、信山丸、广岛大果等。近年来我国又培育出大果杏（山东陵城区）、红丰（山东农大选育）、Cs-83（河北农大选育）等，以及新引进品种凯特杏、金太阳等，这些都是很好的盆栽品种。

图5-15　盆栽杏树（二）

5.5.2　生长习性

杏（*Armeniaca vulgaris* Lamarck.），落叶乔木。地生，植株无毛。叶互生，阔卵形或圆卵形，边缘有钝锯齿；圆、长圆或扁圆形核果，果皮多为白色、黄色至黄红色，向阳部常具红晕和斑点；果肉暗黄色，味甜多汁；核面平滑没有斑孔，核缘厚，而且有沟纹；种仁多苦味或甜味。杏是我国著名的观赏果树，

先花后叶，花期比樱桃稍晚，一般花期在3月底至4月中旬，果期在6～7月。杏的果实成熟早，在樱桃之后，桃树、李树之前，是很好的淡季水果。杏树生长快、结果早、耐寒、耐贫瘠、适应性强。果实含有丰富的钙、磷、铁及多种维生素等营养成分。特别突出的是它含有较多的具有抗癌作用的物质。杏花早春绽放，有很高的观赏价值。

5.5.3　制作技术

（1）苗木选育

毛桃作砧木嫁接杏是目前常用的繁殖方法，具有矮化杏树的作用，第二年就可以开花结果，是盆栽杏树的首选种植方法。毛桃砧木的繁殖，采用秋季播种的方法，次年5月中旬苗高可达15～20厘米，移入花盆中，到秋季9～10月可以达到嫁接的标准。用芽接或腹接的方法在毛桃砧近地面10厘米处进行嫁接。第二年春天，在芽萌发前剪砧，当年可生长成一株有明显主干并且分生有7～8个主枝的杏树苗。杏的品种有肉用种和仁用种，盆栽杏树应选择肉用种。

（2）整形

自然生长的情况下盆栽杏树在1年左右可以形成自然圆头树形。早春嫁接芽萌发后，将新绑缚的枝梢作主枝培养，见图5-16。从4月中上旬起，主干上陆续抽生7～8个二次梢，构成主枝，二次梢再分生出三次梢成为来年的花枝。杏树的干性很强，主干的生长势大于主枝，易于保持生长优势，而各主枝分布在主干上，约每10～15厘米1个枝，互不重叠，错落分布，其生长势从上而下依次减弱，枝条整齐不乱。在生长规律的作用下，盆栽杏树可在一年左右自然形成疏散的分层式圆头形树冠，其主干和主枝梢的生长优势很容易自然地保持下去，树形维持不变，给以后的养护管理带来便利。

图5-16　绑缚枝梢

盆栽杏树通常次年主要靠二次枝结果，其开花多数集中在梢顶，所以可以不进行修剪。结果以后，生长势明显变弱，此时可以疏除一部分内膛弱枝，对各主枝的头行进行修剪，让树势保持不衰。杏树的隐芽多、寿命长，盆栽多年的杏树衰老时，可用回缩修剪法更新树冠。连续结果2～3年后，盆栽杏树转向以短果枝结果为主，缩剪时应多保留健壮的短果枝，因为杏树的萌芽力弱，不会形成枝梢过密的现象。

5.5.4　养护管理

如果盆栽杏树管理不当，很容易造成隔年结果的现象，其主要原因是营养不良，其次是病虫危害。其中营养不良的原因主要是施肥不足、长期缺水及结果过多。

（1）肥水管理

如果施肥不足，就会表现为叶片大小和叶色不正常，新枝

梢长势弱。只有长度达到30厘米左右时，盆栽杏树才能形成足量的健全花芽，并连年结果。而水分不足时，可以导致其花芽质量下降、瘦而不饱满，不完全花增多，因此盆栽杏树不能长期受干旱，更不能用控水的方法来促使其形成大量的花芽。

如果合理的修剪和足量的肥水都不能使新生枝梢生长达30厘米，多数情况下是由于结果过多限制了杏树的营养生长。通常一株3年生的盆栽杏树，其全株叶片达到1300～2000片，结果量不超过30～50个是较为标准的，多余的果实应在4月下旬至5月上旬陆续疏去，以保证连年结果。

（2）病虫害防治

盆栽杏树的病虫害不多，防治也比较容易。

4月上中旬，如果低温多雨，盆栽杏树常患缩叶病，通常叶片会肥大变厚、卷缩，呈红色，并过早脱落，致使新枝梢停止生长。防治办法为在萌芽前喷5°Bé石硫合剂一次，可以防止此病的发生。

从4月下旬起，通常有食心虫类为害果实，可以用套袋法防治虫害。新枝梢展叶后，蚜虫会为害新叶，喷1500～2000倍液的40%氧化乐果可将其杀灭。若有蓑蛾、锯蜂以及其他食叶虫为害，可以人工进行捕捉、消灭。

（3）越冬

在冬季，盆栽杏树可放入室内越冬，冬天在不太冷的地区也可露地越冬，可在盆上覆盖一些草。在寒流来临之前要检查盆土是否干燥，当盆土干燥时，要浇一次透水，这样盆栽杏树才能安全越冬。盆栽杏树开花时，容易受低温或晚霜的危害，可将盆栽杏树放入室内或大棚内防寒，避免花盆受冻，同时应注意透光通风，有利于坐果率的提高。

（4）促花保果

盆栽杏树当年容易形成树冠，但在第二年不易结果，其原因是当年形成的花芽数量不多，只有40～50朵，其中大多数还是不完全花，故第二年不能结果。盆栽杏树要想早期结果，主要措施是提升当年花芽形成的数量与质量。盆栽杏树芽萌发后，每15天左右施肥一次，以氮素化肥加上有机肥为主，以促进枝梢的生长，使其尽早形成主干及主枝；6月上中旬，当二次枝梢长到40厘米左右时，改施磷钾肥，一般施2～3次，促使新枝梢成熟，促进花芽分化，直到落叶、休眠。

当二次枝梢长到20厘米左右时，要进行摘心处理。对二次枝梢抽生的三次枝梢，均在10厘米处摘心，要尽量保证二次枝梢生长充实，可迅速转向生殖生长，多数形成花芽。由于三次枝梢的生长期短，开花结果力弱，因此二次枝梢才是来年结果的主要部位。

以上两项措施主要为二次枝梢生长、成熟并转向生殖生长创造了条件。环状剥皮是促进花芽形成和提高花芽质量最有效的方法，具体操作是6月中旬在主干距盆土10厘米处将皮环割一周，宽约0.5厘米，并用塑料薄膜包好伤口，经过1个月左右，伤口可以自行愈合。经过环割的植株，由于叶片的同化产物不能往下运输，因此大大提高了地上部枝梢的成花数量及质量，来年开花近百朵，不完全花不会超过总花的20%，第二年结果就有了根本的保证。另外，同一植株上嫁接两个以上品种，也可以提高受精结实率。

图5-17　盆栽李树（一）

5.6 盆栽李树（蔷薇科 李属 *Prunus*）

5.6.1 主要种类和品种

李树［图5-17（见上页）、图5-18］品种十分丰富，我国传统的优良品种就有很多，如夫人李、携李、密李、嘉庆李、玉黄李、五月李、红香李等。目前主要推广并应用于生产中的中外李树品种有密思李、大石早生、黑宝石、日本李王、美国大李、玫瑰皇后、先锋李、昌乐牛心李等。

图5-18 盆栽李树（二）

5.6.2　生长习性

李（*Prunus salicina* Lindley.），蔷薇科李属，花期4月，果期为7～8月。抗寒、喜光，同时稍耐阴，适应气候的能力较强，只需土壤土层较深，有一定的肥力，各种土质都可栽种。对空气和土壤的湿度要求较高，特别不耐积水，土壤排水不良会导致烂根，甚至生长不良，以及其他各种病害。应当挑选土质疏松、透气性和排水性能良好的土壤进行盆栽。最为有利的栽培条件是温暖湿润的气候环境，加上排水良好的砂质土壤。

5.6.3　制作技术

（1）苗木选育

砧木宜选用矮化、与嫁接品种有较强亲和力的品种；接穗宜选用果色艳、丰产、长势弱的品种。

栽植李树盆景的盆土内须含有充足的肥力，方能满足其正常生长结果的需求。一般多用腐烂树叶4份，碎骨、腐熟的圈肥2份以及园土4份混合，混入少量磷酸二铵、过磷酸钙等，以增加土壤肥力。盆土充分混合均匀，碾细过筛。使用培养土前应使用1.5%福尔马林溶液进行消毒。定植时将根系舒展开，压实培土，要做到"三埋二踩一提苗"，灌透底水，放置于阴凉处缓苗。

（2）整形

李树盆景的树形既应具有美学价值，又要有利于结果，常以塔形、自然圆头形为主，也可依据个人爱好塑造，如曲干式、悬崖式等。上盆1～2年，充分利用别、撑、拉等方式扩张枝条角度（图5-19），促使其提早成果。

图5-19　扩张枝角

修剪时，要着重对一年生枝进行适度短截，刺激其萌发，以形成结果较为紧凑的小冠树形。对于幼年李树应当在选留、培养好主侧枝且完成整形任务的同时，做到平衡树势、维持各级骨干枝的主从关系；对于长势过强的骨干枝进行适当修剪。

初结果树，主要为短果枝以及花束状果枝结果。当进入结果期后，可再据其长势强弱，酌情留基部 2～3 个饱满芽进行重截。对于过长枝可缩剪到二年生枝处，这样方能使整个树冠内中、小枝组紧凑分布。

5.6.4 养护管理

（1）肥水管理

李树盆景盆土中的有机肥远不能满足其生长发育的需要，因此生长期须加强肥水管理。有机肥、化肥应合理施用。上盆时掺入腐熟的有机肥；萌芽前或开花前施用 1 次速效氮肥，每株浇约 1 千克肥水，促使萌芽、开花整齐。根外追肥在开花盛期和末期进行，用 0.3% 尿素或者 0.2% 磷酸二氢钾，喷 1 次间隔 10～15 天，连喷 2～3 次，用以促进幼果膨大，以及加速新梢生长。花芽分化的时期是 6 月下旬至 7 月上旬，施稀薄肥水（例如沤好的豆饼肥水、人粪尿或麻酱渣水等），施 1 次间隔 10 天左右，连续施 2～3 次，用以促进花芽分化，并且可以提高坐果率。8～9 月份生长旺盛时，为了控制新梢生长，应该停止施用氮肥（比如尿素、碳酸氢铵、硫酸铵等），以磷钾肥（如草木灰或磷酸二氢钾等）为主，要薄肥勤施。适当控制李树盆景的浇水量，生长期要保持盆土有一定湿度，干后要及时浇水，但也不宜过湿。夏季早、晚各浇一次水，避免中午用水。掌握"不干不浇，浇则浇透"的原则。高温季节进行叶面喷雾来增加空气湿度和降低叶片温度。落叶后施腐熟的有机肥。休眠期应该严格控制浇水，程度以盆土不过干为准。

（2）病虫害防治

李树虫害主要有红蜘蛛、卷叶虫、食心虫、刺蛾等，发生虫害后可喷杀螟松1000倍液或者40%乐果1500倍液进行防治。病害主要有轮纹病、褐斑病、细菌性穿孔病、白粉病，病害防治可用0.5%石灰倍量式波尔多液，4月下旬或5月初喷1次，以后每隔半个月再喷2～3次。发生细菌性穿孔病时可用72%农用链霉素可溶性粉剂3000倍液喷洒叶片。

（3）越冬

在冬季无冻害发生的情况下，盆栽李树不宜在室内越冬，可以让其在室外自然越冬休眠，以此提高树体抵御自然灾害的能力。为防止发生冻害，可在天气晴朗时，在土壤封冻前浇1次透水，待水下渗完后用草袋包裹整个容器，用绳子捆紧，或在向阳背风处挖沟埋藏。

（4）倒盆

盆土中的养分会在频繁浇水中渐渐流失，2～3年后，盆土中的肥力不足，导致土壤物理结构变差，此时需要及时倒盆，并增添新的培养土。在倒盆前停止浇水，好让土壤干缩与盆壁分离，以便于倒出盆土。土团倒扣出来以后，应削去盆土四周2～3厘米厚的老根，再将土壤与有机肥拌匀后过筛填充底部。然后带土团上盆，再在四周加入肥土填充，同时浇1次透水。因李树盆景根系的生长速度较快，一般1～2年后根就可沿盆壁卷曲生长，老根密布，盘根错节，影响新根生长。因此在换盆时，要剪截卷曲根系，对于过密的老根要进行疏剪，这样有利于新根的生长，以提高根系吸收养分和水分的能力。

图5-20　盆栽葡萄

5.7　盆栽葡萄（葡萄科 葡萄属 *Vitis*）

5.7.1　主要种类和品种

可供盆栽用的葡萄（*Vitis vinifera* Linnaeus）品种主要有京亚、巨峰、伊豆锦、京超、京玉、黑奥林、地拉洼、凤凰51号、8612、8611、美国黑提、京早晶、紫珍香及布朗无核等，但盆栽葡萄主要使用的品种应为长势弱的种类。

5.7.2　生长习性

① 盆栽葡萄（见上页图5-20）应该放在向阳的环境中，充足的光照有利于植株的生长，同时还能起到美化居室的作用。在光照不足的情况下，植株叶片会出现变干迹象，且花量也会大幅减少。在气温比较高的夏季，一定要把植株放在通风的环境中养护，否则葡萄会感染黑痘病。夏季葡萄生长十分迅速，抽枝长叶更是频繁。所以需要将徒长的枝条全部剪掉，还要把一些新发的嫩芽全部抹去，这样才能减少养分消耗，让葡萄开出更多的花来，为结果打下良好的基础。

② 盆栽葡萄不同品种以及不同器官对低温的忍受能力不同，可因地制宜选用以下保护措施：盆栽葡萄在冬季修剪后，应拆除盆架、浇足水，挖坑或挖沟埋藏，埋入距地面30～50厘米的深度即可，也可放在阳台上或楼道内遮盖过冬。

③ 盆栽葡萄在各物候期对于水分的要求不同。在早春萌芽期、新梢生长期以及幼果膨大期都要求供应充足的水分，一般间隔7 ~ 10天灌1次水，以土壤含水量达到70%左右为宜。浆果成熟期前后土壤含水量为60%左右较好。

5.7.3　制作技术

① 选择葡萄树桩，一些市场上销售的盆栽葡萄，多是扦插繁殖而成，株形缺乏观赏价值，只可作为一般盆栽。要做成精品盆景，需要寻找树龄较长的葡萄树（图5-21）。

图5-21　盆栽葡萄（树龄3 ~ 5年）

②因为葡萄树根系发达且萌蘖力强，找到树桩后，可不带土球取苗，挖掘时，多留须根，将较长的主根截断。根据造型，地上部分保留部分枝干，剪去多余的叶片和枝条，上盆。

③在葡萄盆景的花盆选择方面，养根阶段用中深盆或地栽，成活后换成较浅的紫砂盆，这样既有利于观赏，又有利于排水透气。也可以用浅盆高围的方式，逐渐露根提爪，更能展现葡萄树的苍劲。

④葡萄盆景栽培用的土壤基质，以中性偏弱碱性的砂质土壤为宜。可用沙土混合偏黏性的园土（黄土）作为栽培基质，添加适量饼渣、动物蹄片、骨粉作为基肥，如土壤偏弱酸性，混入石灰石调节。

⑤葡萄盆景的造型以斜干式、曲干式、卧干式、临水式、悬崖式居多。整形制作，一般根据树桩的原始造型，以攀扎和修剪为主，辅助以摘芽打顶，限制藤本蔓延。葡萄盆景挂果后，一般保留果实不超过3～5串，这样既利于观赏又不至于显得累赘。

5.7.4　养护管理

①葡萄盆景日常养护，遵循"不干不浇、浇则浇透"的浇水原则，总体以偏干为主。

②多在生长季节施肥，以磷酸二氢钾为宜，薄肥勤施，间隔十天左右施一次。

③葡萄盆景要多见阳光，因为葡萄是喜光植物，光照不足则会出现枝叶长、结果少的现象。

④葡萄树耐寒、耐高温，所以葡萄盆景可在室外过冬，同样夏季也不需要遮阴。

图5-22 盆栽草莓（一）

5.8 盆栽草莓（蔷薇科 草莓属 *Fragaria*）

5.8.1 主要种类和品种

盆栽草莓 [*Fragaria ananassa* (Weston) Duchesne]（见

上页图5-22）应该选择品质优良，果形端正、硕大，叶片直立，观赏性好的品种。不同地区还应按当地的气候条件来定，通常冬季温暖的南方地区应该选用休眠浅或较浅的品种，如隋珠、妙香七号、宁馨、圣诞红、农研2号等；北方地区则应选用休眠深的品种，如新明星、早红光、全明星、哈尼等。

5.8.2　生长习性

草莓的繁殖比较容易，主要靠分株法。第一种方法是在匍匐茎苗具有3片叶及较多须根时切断另植；第二种方法是将母株上根系良好、分枝丛生的老株夹带3～4片叶的侧枝进行分割另植，匍匐茎苗和分株枝上盆后，用水浇透，并放于遮阴处进行养护，一周之后再挪至阳光充足的地方进行正常的养护管理。

盆栽草莓要选用肥沃且排水良好的土壤，加入豆饼或腐熟的鸡粪作基肥。宜在9月下旬至10月中旬将新株上盆，此时气温适宜，上盆后可很快恢复、生长。

草莓喜光，应当给予充足的光照，否则会出现植株生长旺盛却开花稀少的情况。早春草莓萌芽之后，每10天施一次液肥，开花之前更要勤施肥水，保持土壤湿润、肥水充足，才能花多果大，且减少无效花。

生长季节应及时疏除病叶、枯叶与瘦弱的侧芽，对于不需要的幼株及匍匐茎也应当及时清理。在5～6月果实成熟期，红果绿叶交相辉映，美妙绝伦。但是果期浇水，要特别注意保持浆果的洁净，可以在花后垫上牛皮纸，以将下垂的果与土隔开。花期过后要加强追肥。7月以后气温较高，应保证水分的充足供应，适当向叶丛喷雾。草莓冬季处于休眠阶段，在长江

流域将其放于室内可安全越冬，此时宜停止施肥。

5.8.3 制作技术

（1）品种及盆、土的选择

盆栽草莓的选种及盆、土的选择是非常讲究的，一般选择好的品种，全年可多次开花结果；培养土应选择腐殖质含量高的土壤；盆最好选择20～30厘米口径的陶瓷盆。

（2）栽种技术

盆栽草莓的种植通常不受时间限制，一年四季皆可，但最好在秋季，选择健壮的秧苗，起苗的时候要多带土，摘除老、残叶，苗木根系剪留至10厘米左右。将秧苗在土壤中栽种好，栽种深度不露根即可。栽种后浇透水，置于阴凉处3～5天后搬至光照充足的地方。

（3）肥水管理

盆栽草莓的肥水管理很简单，因一年可多次开花，故要保持充足的肥料供应，每周追肥一次便可。浇水最好用温水，不能浇灌过冷的水。

（4）种植管理

一定要做好盆栽草莓的种植管理，适当摘叶、疏蕾，摘除匍匐茎。留好植株间的空隙，切不可遮挡阳光，要有良好的透光性，这样才能促使盆栽草莓更好地生长，见图5-23。

图5-23　盆栽草莓（二）

（5）换盆

盆栽草莓的换盆一般在结果2年后进行，换盆时先将植株从盆中取出，剪掉不好的、老的根，然后再栽入新的盆土中。

5.8.4　养护管理

（1）放到光照较好的地方

草莓是喜阳植物，没有充足的光照，很难结出美味的果实。草莓喜欢充足的光照，每天最好能有半天以上的光照时间，平时宜将其置于阳光充足且通风良好的地方。

（2）科学浇水

草莓喜湿却怕涝，应在表层土快干时浇水。可使用浸盆法，等水透到土面时将盆从水中端出即可。平时不用浇过多水，如果浇水过于频繁，容易烂根导致草莓死掉。

（3）定期施肥

草莓花盆本身不大，而草莓结果又需要大量的营养，所以给草莓施肥就非常有必要，建议盆栽草莓的施肥方法为：可用鱼骨、兽蹄、豆饼、家禽内脏等加水腐熟发酵，制成液态肥水，或者追施复合肥。通常情况下每星期追肥一次。

（4）修剪

在日常管理中，需要给草莓进行正确的修剪。盆栽草莓要及时剪去多余的老叶、病叶和匍匐茎，从而减少养分的消耗，以提高盆栽草莓的结果质量。

图5-24　盆栽石榴（一）

5.9　盆栽石榴（石榴科 石榴属 *Punica*）

石榴树（*Punica granatum* Linnaeus）是园林中应用较广的果树之一，既能观花又能赏果，我们经常能在公园里看到，大多数品种9月份已进入果熟期。石榴以超长的花期、艳丽的花色、饱满的果实深受人们的喜爱［图5-24（见上页）～图5-26］。

盆栽石榴的主要品种有：红石榴、白石榴、月季石榴、重瓣石榴、彩花石榴、墨石榴。

图5-25　盆栽石榴（二）

图5-26　盆栽石榴（三）

5.9.2 生长习性

① 阳光要充足　石榴属阳性植物，喜阳，忌阴湿。盆栽石榴应置于向阳处，保证在整个生长过程中有充分的光照。在不缺水的情况下，石榴是不怕强光的。光照不足必然会影响其生长，进而影响到孕花孕蕾以及开花结果。

② 控花促生长　有时扦插新苗后，当年就可以开花结果。小苗首要的任务是生长，有了壮实的树身，日后方可承受挂果的负担。过早开花结果不利于树身生长，因此头几年应去掉花芽，使树身生长强壮。等长成壮实的树形后再适当地少留花、果。但留果也不宜过多，否则会使营养分散，严重时也会影响来年生长。

③ 修剪不宜早　种植前几年为顾及树形只作大致修剪即可。3～4年后待深秋果树休眠前可先作粗略修剪，待来年春季萌发前可作最后的定型修剪。影响树形的结果母枝也可剪掉。开花坐果后，部分新生细弱枝以及内向枝也应及时剪掉。

④ 摘果应适时　深秋过后气温下降，叶片变黄并开始凋落，果实挂在枝头。在休眠期最好将果实摘掉，最迟应于春节后摘除，以减少果枝的营养消耗，利于开春早抽枝长叶。

⑤ 施肥要合理　石榴耐贫瘠、喜肥，应用疏松透气、肥沃的砂质壤土进行栽植。在生长期间应勤施薄肥，以磷、钾肥为主，氮肥不可过多，避免枝叶徒长从而影响开花坐果。在深秋叶未落完前应一次施足浓肥，可促使来年萌发抽枝、迅速粗壮。

⑥ 果期宜控水　石榴对水的要求不是很严格，可耐短时间的干旱，只要盆土的渗水性好，水多些影响也较小。只是水多

易使枝叶徒长，初坐果易落，果熟后果皮易开裂，影响其观赏价值，故要适当控水。

⑦ 花期须防风 石榴坐果最忌大风，尤其是大风加大雨淋沥，伤害甚大，轻者部分掉落，重者丧失殆尽。因此在坐果期应加以防范，确保果实安然无恙。

5.9.3 制作技术

（1）培养土的配制

盆栽石榴的土壤要求保肥蓄水、疏松透气、营养丰富。可按腐叶土3份、园田表土3份、细沙2份、厩肥2份混匀即可，或者按马粪、园土、细沙各1/3的占比混合配成培养土，堆成堆后用塑料薄膜包裹严实，以高温杀菌15～20天，过筛后装盆。

（2）苗木培育

石榴苗木繁殖时可用压条、扦插等方法。扦插时要求从母树上剪取生长较为健壮的1年生枝，其芽眼饱满，充实健壮，直径约0.5厘米，长约20厘米，扦插于沙土或其他疏松的基质中，并保持湿润。在20～25℃条件下，20天左右即可生根发芽。

（3）上盆定植

在春季萌芽前，用瓦片盖住花盆的底孔，装土，约装到花盆的2/3处，将土堆成丘状。选择根系较完整、须根多、树形好的苗木，将根系舒展地放入盆内，装土，并将苗向上轻轻提起，以便根系与土壤能够密切接触。盆土不可过满，根茎应与土壤表面平齐，将土压实，浇透水，待水渗下后，用干土覆盖表面

保墒，放于阴凉处，一般在发芽前不要浇水，以保证升温生根。

5.9.4 养护管理

（1）肥水管理

石榴喜肥，在栽植时应多施底肥，待秋冬落叶之后再施以有机肥，等发芽、花前和落花后应各追加一次速效肥。盆栽石榴因盆土有限，每次的施肥量不宜过多，应"少吃多餐"，常用的肥料主要以饼肥及其他有机肥为主，经发酵后，以液肥施入。5～8月，每周应施一次稀薄液肥，在开花期应减少施肥次数与施肥量，并施以磷肥，以利于开花。花期叶面应喷1%过磷酸钙浸出液、0.5%尿素、0.3%磷酸二氢钾、0.3%硼酸，具有显著的促花增果效果。盆栽石榴抗旱性较强，但盆土易干，应注意及时浇水。一般于上盆后和倒盆后各浇一次透水，在开花前每3～5天浇水一次，花期2～3天浇水一次，不宜从上往下对叶面进行喷水，以免冲去花粉影响坐果。在果实膨大期1～2天浇一次水，在果实生长后期也不要从上往下对叶面喷水。雨后如盆内有积水，应将盆倾斜排去积水。入冬前应浇透水。

（2）疏花疏果

盆栽石榴开花较多，从4月下旬至6月中旬要多逐枝用手掐掉子房瘦小、状似喇叭的退化蕾与花。疏果一般疏掉病虫果、畸形果。

（3）辅助授粉

石榴的花期较长，人工授粉一般在5月下旬进行，应选择晴朗天气，上午8～11时为授粉最佳时间，用刚开放的钟状花对筒状花进行授粉。在初花期至盛花期喷施0.5%尿素或稀土微肥混合液、0.1%～0.2%硼砂，可明显提高其坐果率。

（4）整形修剪

盆栽石榴的特点为枝紧叶密，在休眠期可进行一次疏枝修剪，整成单干圆头形、平顶形或多干丛状（图5-24）。幼树修剪时，应以多干式（图5-25）或单干式（图5-26）为主。小型石榴干高约为10～20厘米，应保留3～5个主枝，其上分布有适量的结果母枝，使树形自然。修剪以缓势为主，剪除根蘖苗，拉枝开角，以利于开花坐果。结果树修剪时，根据树形修剪掉干枯枝、病虫枝、过密枝。由于石榴的混合芽主要生在健壮的短枝顶部或者近顶部，应保留这些枝，不对其进行短截。对于较长的枝条可保留基部2～3个芽进行重截，以控制树形，促生结果母枝。

（5）病虫害防治

如发生煤污病、干腐病，应将病枝剪掉。害虫主要为桃蛀螟，在卵孵化期可喷50%敌敌畏500～1000倍液；6月上旬至7月上旬，幼虫未蛀果前喷杀灭菊酯2000倍液，还可防治食叶类害虫；坐果后可用5克辛硫磷乳剂兑500克干细土加适量水调成药泥进行预防。

（6）越冬防寒

冬季应将盆栽石榴放于向阳棚室内，室温不得超过5℃，以保证其正常休眠。

图5-27　鲜切柿树

5.10 盆栽柿树（柿科 柿属 *Diospyros*）

5.10.1 主要种类和品种

适合作盆栽观赏的柿树（*Diospyros kaki* Thunerg）要求树体矮小、果实鲜艳美观、观赏期长、易成花、好坐果、病虫害少，主要品种有：

① 火柿 果实较大，平均单果重170～250克，果实呈圆锥形，底部稍方，果皮呈橙黄色或橙红色，表面光滑。树形开张、叶片小、易成花、坐果率高。9月份果实开始着色，10月中旬成熟，变软而不落。除盆栽外，目前市面上已出现鲜切的观果形式，见上页图5-27。

② 石榴柿 产于河北太行山区，果小，单果重60～70克，果实呈高桩形，果皮呈橘红色，易成花，结果早，多为串果，见图5-28。

图5-28 盆栽柿树

③ 羊奶柿　产于山东郑城，果小，呈长卵圆形，单果重60克左右，果皮呈淡黄色，顶部尖，果体似奶头状。萼片近肾形，大而平展，向外斜伸，蒂座圆形，萼片直径和果肩部横径相同，心室有8个，呈线形，有少量种子。叶片小，落叶晚，为观赏佳品。

④ 水柿　产地在河南省荥阳市。适应性较强，抗旱、耐贫瘠、丰产。果实呈方圆形，单果重110克。果皮呈橙黄色，果肉为黄色，水分较多，含糖量约22%，品质上等。常于10月下旬成熟，宜加工成柿饼。

⑤ 金瓶柿　产于青岛、枣庄一带，果实呈长圆形，单果重100～120克，果皮呈淡黄色，果顶尖，十字纹不明显，但有梅花形锈。果肉为橙黄色，心室有8个，呈眉形，种子为1枚或多枚。味美，常于10月下旬成熟。

⑥ 牛心柿　产于山东、江苏。果实中等大小，味美，平均果重100克，果实为心脏形，橙红色，汁多味甜，常于10月下旬成熟。树形强健，枝条稠密多弯曲，树冠开张，叶片少而厚，易成花，适宜盆栽。

⑦ 托柿　别名莲花柿、萼子，果实中等大小，单果重约150克，果形短圆略方，果面平滑，果皮为橙黄色或橘红色，皮薄光洁，于10月中旬成熟。适应性较强，宜盆栽。

⑧ 盖柿　又名磨盘柿，枝条稀，果很大，平均单果重230克，果皮呈橙红色，果形为磨盘状。汁多味甜，皮厚肉松，无核，品质优。约10月下旬成熟，软而不落。叶大，喜肥，抗旱且抗寒、抗病，寿命较长，见图5-29。

图5-29　盖柿

⑨ 小方柿　产于江苏南通，体小，树形开张，树冠呈半圆形，果实方扁圆形，平均单果重130克左右，果顶平，果皮为橙黄色，果肉呈朱红色，于10月上旬成熟，枝短粗，结果早，坐果多，适宜盆栽。

⑩ 橘蜜柿　又名八月红、旱柿，产于山西及陕西关中地区。果较小，单果重约74克，果实呈扁圆形，果皮呈橙红色，状如橘，甜似蜜。肉质脆，味甜爽口，含糖量约20%，无种子，品质上等，常于10月上旬成熟，宜鲜食。

⑪ 怀胎柿　产于陕西眉县，果大，平均单果重255克，果皮呈橙红色，果肉呈深红色，味甜，品质中上等。其最大的特点是在果内（近果顶处）又有一小果，故称"怀胎柿"。适应性较强，抗旱涝，丰产性好。

⑫ 迎秋　日本甜柿。果扁圆形，皮为橙色，肉为橙黄色，汁多，含糖量约18%，种子2～4枚，9月中下旬成熟。早果丰产，坐果率高。

5.10.2　生长习性

柿树，为柿科柿属植物，原产于我国。柿树的适性强，耐寒、耐旱、耐湿，又易结果，除少数极寒地区外，我国南北各地均可盆栽。柿树春夏季叶片碧绿，初冬霜后转红，叶片如枫叶般美丽，果实皮色橙黄，9～10月成熟，是深秋时节难得的观果树种。柿树果实营养丰富，含有大量的维生素和碘元素，能够防治由于缺碘引起的地方性甲状腺肿大，可有效补充人体所需的营养成分并有润肺生津的功效；柿中的有机酸等可促进胃肠消化，增强食欲，同时还能起到涩肠止血的作用；柿还可降低血压、软化血管，增加冠状动脉血流量，并有活血消炎、改善心血管功能等作用。

5.10.3　制作技术

（1）整形

根据盆体的大小及使用目的进行定干，直径30厘米的瓦盆，树干通常高30厘米左右，树体高度大约为80厘米，主干上部培养5～7个骨干枝，其上培养各枝组以及结果母枝，形成自然半圆形树冠。

（2）修剪

栽植的幼树，骨干枝发育强壮，在肥水充足的条件下留约20厘米摘心，促发二次枝，二次枝前端数芽当年可分化成混合芽。对骨干枝进行修剪时，应选择在饱满芽处短截，此时注意芽的生长方向，保持同层骨干枝的平衡。结果母枝过长时，应剪去前端数个芽，因为后边的混合芽也可抽枝结果，对于较短的结果母枝可不进行短截。对于瘦弱的发育枝或结果枝，应短截到基部第3个芽上，促其生长出较好的结果母枝。在盛果期的盆栽柿树要注意及时更新修剪，对强壮的结果母枝不剪截或者轻截，对生长弱的结果母枝或发育枝重短截促其及时发枝，见图5-30。

图5-30 摘心使侧枝茂盛

5.10.4 养护管理

（1）肥水管理

在盆栽柿树萌芽之后开始施肥。使用发酵后的有机液肥，配以10倍以上的水，隔7～10天施一次。生长前期可追施几次0.3%尿素液。果实膨大期可施2次0.3%磷酸二氢钾液或0.3%硫酸钾液。在7月前，可用0.3%尿素液根外施肥2次左右。在果实膨大期则用0.2%磷酸二氢钾液或0.3%硫酸钾液根外施肥2次左右。在春、秋两季天气较好、温度较高时，要每天浇水一次；夏天炎热时，每天早、晚各浇水一次；冬季盆土干燥时仍要浇水。

（2）病虫害防治

① 柿圆斑病　危害叶片或柿蒂，雷雨期危害较重。通常情况下在6月份进行喷药处理，使用65%代森锌可湿性粉剂500倍液或1∶5∶500的波尔多液进行防治。

② 龟蜡蚧　破坏枝干，严重时会造成树势衰弱。成虫在6～7月产卵孵化，6月中旬后可以用50%敌敌畏液或敌杀死3000倍液进行防治。

（3）促花促果

如果管理良好，盆栽柿树栽植第2年便可开花结果。柿树能单性结实。在生长期，会出现几次落花落果高峰，为预防此种情况发生，应加强花果管理。盆栽柿树放置在通风透光条件较好的环境下，可减轻落果。在花期与幼果期，施肥应以氮肥为主，并将0.3%尿素液与有机液肥混合施用。保持盆土潮湿，防止由于盆土过分干旱而导致的大量落花落果。在果实生长期间也应及时浇水，土壤干旱会加重果实脱落。要及时清理一些小果和劣质果，避免由于同一枝条果实过多而出现对果实生长及花芽分化不利的情况。

图5-31　盆栽金橘（一）

5.11　盆栽金橘（芸香科 金橘属 *Fortunella*）

① 金弹　别名金柑，常绿灌木，为金橘的同属种。叶厚硬而大，边缘向外反卷，叶柄短。果大而圆，球形，熟时呈金黄色，皮厚，味甜，种子少，见上页图5-31。

② 圆金柑　矮灌木，为金橘的同属种。叶革质，呈卵圆形。果小，呈倒卵形至圆球形，直径1厘米左右，果皮呈橙黄色，果顶凹入。油胞平而显，皮光滑而美观。

③ 金豆　小灌木，果小如黄豆，呈球形，果皮呈橙红色，不具果肉，不可食。

④ 长寿金柑　别名月月橘、四季橘，小灌木。叶小，呈椭圆形。月月开花。果实呈倒卵形，先端凹陷，基部微尖，果皮为淡黄色，具有清香，但果味酸。

⑤ 长叶金橘　小灌木，为金橘属。枝无刺，叶呈长披针形，果圆，皮薄。不耐寒。

5.11.2　生长习性

（1）根

金橘［*Fortunella margarita* (Loureiro) Swingle］细根多，喜湿好氧，适宜根系生长的最适pH值为5.5 ～ 6.0。一年中根系有三次生长高峰，与枝梢生长交替进行。第一次是在春梢停止

生长后至夏梢抽生前，发根量大；第二次是在夏梢停止生长后到秋梢发生前，发根量少但生长量大；第三次是在秋梢停止生长后至果实成熟期，采果后施肥有利于根系第三次生长。

（2）芽

金橘芽的主要类型有裸芽、混合花芽和叶芽、复芽（一节多芽）。当年形成的芽当年萌发，萌芽力、成枝力均强。潜伏芽多，寿命长，易产生不定芽，并会出现顶芽自剪现象，即枝梢生长1～2天，在靠近顶端1～4节处产生离层脱落。

（3）枝

金橘枝多次抽梢，春梢数量多，占全年新梢的2/3，梢枝整齐，生长量少；夏枝数量少、不整齐但生长量大；秋梢的生长量介于春梢和夏梢之间，枝梢不整齐，9月下旬后抽生的为晚秋梢。

（4）叶

金橘的叶片呈披针形至矩圆形，长5～9厘米、宽2～3厘米，全缘或具不明显的细锯齿，表面深绿色、光亮，背面浅绿色，有散生腺点；叶柄有狭翅，与叶片相连处有关节。单花或2～5朵花集生于叶腋，具短柄。

（5）花、果

金橘的花是两性花，花瓣整齐，呈白色，具有芳香，5个萼片；5个花瓣，雌蕊长约7毫米，雄蕊长20～25毫米，不同程度地合生成若干束，雌蕊生于略升起的花盘上。果实呈矩圆形或卵形，成熟时呈金黄色，果皮厚、平滑，上面有许多腺点，有香味。果肉4～5瓣。金橘的花期为6～8月，果期为

11～12月。种植第二年就可以开花，主要以春天长出来的树梢作为开花结果的母枝，并且在一整年可以开四次花，但是以第一次的花结出来的果实最大。它第一次开花是在6月中下旬的时候，第二次开花是在7月份，第三次开花是在8月份，第四次开花是在9月上旬到10月份。从开花到果实成熟一般需要150～170天左右。盆栽金橘如管理不当，往往只开花不结果或少结果，甚至不

图5-32　盆栽金橘（二）

开花。要让盆栽金橘年年开花、结果，必须在水、肥、修剪等环节进行科学的管理，这样才能达到果实累累的效果，见图5-32。

5.11.3　制作技术

（1）小苗培育

金橘的培育可以采用播种、扦插、嫁接等方式。嫁接一般在5～6月份进行，嫁接后一到两年即可结果。播种最好在每年的3～4月份，播种时，上面覆土1～2厘米并覆盖薄膜。幼苗出土后逐渐掀膜，炼苗后去膜，秋季停止施肥，防止苗木贪长，影响越冬。苗木生长过程中要注意摘心，以促进枝条加粗生长。

（2）上盆定植

选择根系发达、生长健壮的苗木，在春季萌发前上盆定植，选用口径为20～25厘米的花盆，在渗水孔上放一块碎瓦片。培养土选用由腐叶土与堆肥配制而成的土壤或用马粪土，上盆后营养土不宜过满，土层表面与盆口留出3厘米左右的沿口，以利于浇水，定植后7～10天，苗木可发新根，此时用清粪水施肥。一般2～3年可换盆1次，换盆时加饼肥或麻酱渣40～50克作基肥，时间在秋季，秋梢转绿后进行。

（3）肥水管理

金橘喜肥，除盆土要肥沃外，生长期每7～10天浇1次腐熟的肥水，比例为1份肥、3份清水。在盆土干燥时施肥，结合浇水，利于吸收。也可施腐熟的麻酱渣或复合肥，施在干燥的表土下面，施后立即浇水。注意施肥要少量多次，有机肥一定要充分腐熟，固体肥料施用的间隔天数一般为1个月。冬季观果期不施肥。

浇水掌握"见干见湿、浇则浇透"的原则。开花期盆土稍干，坐果稳定后正常浇水。如幼果黄豆粒大小，可加强肥水管理。金橘喜湿润的环境，在观赏期及生长旺季应经常向叶片及花盆周围喷水，但花期切忌往花上喷水，以免烂花。越冬休眠的植株更应控制浇水量。

（4）整形修剪

金橘树形多修剪为自然半圆形或柱形、塔形。3月后金橘的大部分果实自然脱落，将剩下的果实人工摘去，以节省养分。同时，疏除过密枝、交叉枝、部分徒长枝和不见光枝。对保留的1年生长枝实行重短截，每枝留2～3个芽，剪口处留外芽，以使树冠开张、通风透光。

结果前的修剪原则是单芽切接苗的一次梢老熟后留10厘米重截定干，以促生主枝，主枝木质化后未抽新枝前再短截促发新梢。同时，加强肥水管理，争取当年多次发梢，以扩大树冠。结果母枝的各段枝梢均可当年开花结果。若想春节赏果，一般进行三次修剪：第一次在春梢萌发前，在2～3级主枝上重短截，弱树可截到1级分枝处，一般留10～20厘米，以促发大量健壮春梢；第二次在春梢木质化（约60天后）时，剪留15～20厘米，以促发二次枝；第三次在50天后，对抽生的二次枝轻剪顶，以促使树冠整齐，利于促花，此时抽梢是否适时，将影响花期及果实的成熟期。

5.11.4 养护管理

（1）促花促果

在加强营养管理的基础上，对大株采用环割加控水的方法促花。在结果母枝梢龄为20～25天时，选主干或生长特旺的大枝基部环割1圈，割后不浇水或少浇水，以不卷叶为宜，环割后15天叶色变黄，25天即可达到形成花芽的目的。培养健壮的树势和结果母枝，调整叶果比为（6～10）：1。人工授粉：花期喷0.2%硼砂+0.5%尿素；壮果期喷0.5%尿素+15毫克/千克2,4-D。花期遇高温闷热天气时，于傍晚向树冠喷水降温；夏季将其置于单层苇帘的遮阴棚下，否则会引起日灼病、流胶病；及时防治红蜘蛛及金纹细蛾等害虫；结果后形成的夏梢长

图5-33 盆栽金橘（三）

到3～5厘米长时要及时摘除，以免与果实争夺养分。

（2）观赏期的养护

盆栽金橘进入厅堂、居室后，应给予适当的光照。将其摆放在可见光的位置，每隔2～3天使之接受室外光照3～5小时，见图5-33。

应适当控制灌水量。室内摆放时，一般2～3天浇一次水，小盆每次浇300～400毫升。

根外追肥，每5天喷一次液肥，共喷2～3次。也可用赤霉素涂果或果柄，可推迟果蒂离层的形成，延长观果期。

（3）观赏期后的养护

采果后施基肥，施肥量随树龄的增长相应增加。以有机肥为主，适当配施磷钾肥，为来年结果打好基础。

（4）越冬管理

北方地区的盆栽金橘应在晚秋初冬气温下降时搬入室内或温室越冬。越冬温度在5～10℃最为安全。在居室越冬时防止温度剧烈变化，保持空气新鲜，创造一个见光、空气湿润的环境。春季出室前，应使盆栽金橘逐渐适应外界环境，晚霜过后再搬出室外。

（5）病虫害防治

金橘的主要病害有溃疡病、炭疽病，主要虫害有红蜘蛛、锈壁虱、潜叶蛾、天牛和椿象等。

① 溃疡病危害叶、枝梢和果实，造成落叶落果。为防止其造成危害要合理施肥，不能偏施氮肥，以防止新梢旺长，增强金橘的抗病能力；发病时用硫酸铜250克、生石灰0.5千克、水50千克配成波尔多液喷雾或用代森铵600倍液或退菌特600倍液喷雾。

② 炭疽病危害叶、枝梢及果实，严重时造成枝梢干枯、落叶、落果，甚至全株干枯。防治时要加强栽培管理，增施有机肥和钾肥，松土除草，保持盆土干湿适宜，增强树势，清除病叶、病枝。发病时用5%代森铵500～800倍液或退菌特600倍液喷雾，连喷2次，间隔10天喷1次。

③ 红蜘蛛和锈壁虱危害叶片及果实。应依观测的虫情适时用药防治，可选用73%克螨特2000倍液、50%尼索朗1000～2000倍液或50%托尔克1500倍液，交替施用，以免害虫产生抗药性。

④ 潜叶蛾主要危害嫩叶。在新梢每次长出0.5厘米时开始喷药，连喷2～3次，每4～5天喷1次。药剂可选用2.5%敌杀死乳油2500～3000倍液、20%灭扫利乳油5000～10000倍液或速灭杀丁5000～7000倍液等。

⑤ 天牛以幼虫钻入金橘主干及主枝进行为害，严重时整株枯死。可于成虫产卵期防治，将金橘树干、主枝以下部位用生石灰1份、硫黄粉0.5份、水4份拌成涂白剂涂刷，防止成虫产卵；用细铁丝将蛀孔内天牛幼虫的虫粪清除，向蛀孔内注射敌敌畏药液0.5～1.0毫升，然后用黄泥将孔口封闭。

图5-34　盆栽柠檬（一）

5.12　盆栽柠檬（芸香科 柑橘属 *Citrus*）

5.12.1　主要种类和品种

柠檬 ［*Citrus limon* (Linnaeus) Osbeck］ 的品种很多，但适合家庭盆栽的主要有以下几种：

① 尤力克　又称油力克、油利加。果顶有明显的乳头状凸尖，果皮较粗糙，间有纵棱，皮厚，果肉甚酸。原产美国。耐寒性略弱，但在养分和环境条件好的情况下，春（5月）、夏（6～7月）、秋（9～10月）季都会开花结果。

② 里斯本　耐寒，产自葡萄牙，是柠檬中最耐寒的品种。枝条容易向上伸展，且树势旺盛，易长成大树，所以修剪是家庭盆栽的主要工作。果顶有较长的乳头状凸尖且常稍向一侧弯斜，果皮较光滑，果基也有较明显的颈部，果肉酸味甚浓。

③ 维拉法兰卡　产自意大利，刺较小且少，修剪时不用担心被扎到。枝条容易向上伸展，但量不多，比较容易修剪。耐寒性略强。

④ 中国柠檬　是柠檬与橘子的杂交种。酸味比柠檬柔和，略带甜味，果皮薄。比纯种柠檬耐寒，刺也较少，易栽培。

5.12.2　生长习性

柠檬性喜温暖，耐阴，不耐寒，也怕热。因此，适宜在冬暖夏凉的亚热带地区栽培。柠檬适宜栽植于温暖而土层深厚、排水良好的缓坡地，最适宜种植柠檬的土壤pH值的范围是5.5～7.0。柠檬植株生长较快，需肥量较大，一年多次抽梢、开花、结果，常因管理好坏造成产量差异较大，管理得当时叶茂果繁，十分美观，见第132页图5-34。

5.12.3　制作技术

（1）花盆规格

① 小口径花盆　口径为20～30厘米，可栽植小株柠檬，适合放置在窗台等比较窄的地方，可以充分利用空间。适合种植小一点的柠檬苗，每盆结果量一般3～8个为宜。

② 大口径花盆　口径为50～80厘米，可栽植大株柠檬，适合放置在大阳台或庭院里面。这种盆放土多，营养多可种植大点的柠檬苗，种植好的每盆可结果15～30个。

（2）苗木选择

要选择品种纯正、没有病虫害、根系完整、苗高25～30厘米、基径在0.5厘米以上的健壮苗木。如果有伤根，种植前要进行修剪，以利于根系生长。

（3）营养土的配制

柠檬是南方树种，喜欢酸性土壤，所以营养土的pH值要适当偏低点，这样有利于苗木正常生长。盆栽营养土可选用田园土4～6份、炉渣1～1.5份、树叶腐烂土或发酵锯末1～3份、腐熟牛粪1～4份、钾肥0.2～0.3份、磷肥0.2～0.3份，同时根据盆的大小每株可施20～40克硫酸亚铁，有利于苗木生长。

（4）栽植

一般在春天盆栽柠檬，栽植时要先在花盆下面的漏水孔处放一块瓦片，一方面防止营养土漏掉，另一方面保证土壤透气。然后放营养土，再放置苗木，要让苗木根系舒展开，接着放土，种好后使盆土表面和原来苗木种植位置的高度基本一致就可以，种好后要压实土壤，然后浇透水，见图5-35。

5.12.4　养护管理

（1）施肥浇水

柠檬喜肥，平时应多施薄肥。可以配制一些豆饼或花生饼的发酵液，结合浇水，每次适当加入。秋季可施一些钾肥，促进苗木成熟。每次摘心后，要及时施肥，促使枝条提早老熟，也可以叶面喷施0.3%磷酸二氢钾。每次施肥后要浇透水。

图5-35　盆栽柠檬（二）

（2）修剪

盆栽柠檬的修剪一方面是合理利用空间，让柠檬长得更好；另一方面也是为了美观，可以根据自己的喜好调整树形。发芽前，要重修剪，剪除枯死枝、病害枝、徒长枝、内膛枝、交叉枝等。强枝剪留4～5个饱满芽，弱枝剪留2～3个芽，促使每个枝条多发健壮春梢。春梢长齐后，为防止其徒长，可轻剪剪去枝梢3～4节。

（3）促花

在处暑前10余天逐渐减少灌水量，前5天停止灌水，盆土经日晒，水分大量蒸发，土壤干燥，枝叶失水，为防止叶片脱水，可早、晚向叶面喷水，使柠檬既干旱又不至于枯死。在此期间其腋芽日益膨大，颜色由绿色转为白色，当大部分腋芽由绿转白时，要及时供水。

（4）花期管理

根据花量疏花疏果。在开花前先疏去一部分花蕾；花谢、坐果后，再疏去一些位置不当的幼果，为了提高盆栽柠檬的坐果率，要人工授粉，剪除长得不周正的果实。花期适当减少浇水量。

（5）病虫害防治

柠檬的主要病害有疮痂病、溃疡病，可选用70%甲基托布津可湿性粉剂600～800倍液、50%多菌灵可湿性粉剂600～800倍液等药剂防治。主要虫害有红蜘蛛、锈壁虱、蚧壳虫、蚜虫、粉虱、卷叶蛾等，可选用1.8%阿维菌素乳油2000～3000倍液等防治。不偏施氮肥，防止新梢旺长，增强植株的抗病能力；发病时用硫酸铜250克、生石灰0.5千克、水50千克配成波尔多液喷雾或用代森铵600倍液或退菌特600倍液喷雾防治。

图5-36　盆栽佛手

5.13 盆栽佛手（芸香科 柑橘属 *Citrus*）

5.13.1 主要种类和品种

一般选用耐寒、抗旱且适于盆栽的优良品种，如广佛手等，见上页图5-36。

5.13.2 生长习性

佛手（*Citrus medica* Linnaeus）喜阳忌阴，怕烈日畏严寒，是浅根性、嗜酸性植物。因此，要保证佛手生长美观，应注意以下几点：

由于其根系浅，吸收能力较弱，故需注意勤浇水。它的生长旺盛期正处于夏季高温期，故需水量较大，除早、晚浇水外，还需进行喷水增加环境湿度。入秋后，浇水量可逐渐减少。冬末春初低温期，室内水分蒸发慢，可隔三五天，上午浇一次水，保持盆土湿润即可。若处于开花、结果初期，浇水量不宜过多，以防大量落花落果。

佛手喜肥，春季抽生新梢时，施肥宜淡，宜结合浇水每周薄施一次氮肥；夏季是佛手生长的旺盛期，花繁果硕，需肥量大，肥度亦相应增加，肥料以枯饼、骨粉、腐熟的动物内脏或复合肥等为主；初秋至仲秋期间，应施磷钾钙复合肥，有利于

提高坐果率；深秋，采摘果实后应及时追施磷钾肥，使植株得以补充大量营养，恢复长势，为翌年开花结果奠定基础。

佛手在4月至6月初开的花，多属上一年秋梢上开的单性花，不能结果，应全部摘除；6月底前后在当年春梢上开的花，多为两性花，能结果，每个短枝可留1～2朵，其余疏除，以促其长成大果。在开花结果期，还应注意将干枝上萌生的新芽抹除，以防发生落果现象。

冬季气温低，宜将佛手移至向阳处增温，以免被冻伤。佛手易发生的病虫害主要有炭疽病、疮痂病、煤烟病以及潜叶蛾、蚧壳虫及红蜘蛛等，应及时防治。

5.13.3 制作技术

（1）花盆的选择

花盆以灰褐色的瓦盆为好，最常用的盆的口径不应小于24厘米，盆高不低于18厘米，盆底孔直径在4厘米左右。以后随着树体的扩展要及时换盆，花盆口径大小应是佛手冠径的2/5，花盆底部应有3个排水孔。

（2）盆土的配制

盆土要采用疏松、肥沃的沙壤土。最好采用由80%的红沙土再加上20%的焦泥灰混合而成的土壤，也可用由70%的清水砂、25%的肥沃的园土和5%的腐熟、干燥的鸡粪混合而成的营养土。

（3）嫁接

在砧木高度合适、光滑无疤的地方将其上的枝条剪断，在砧木边缘将皮层纵切一刀，切口长度在2.5厘米左右。用力将接穗的长斜面朝内插入砧木皮层和形成层之间，使接穗与砧木紧密结合。

（4）栽植

先要选好苗，要求选用根系发达、粗壮，分枝均匀，无病虫害的嫁接苗。定植时期：秋植一般在9～10月，春植一般在2月下旬至4月上旬。上盆前，先进行整枝、修根，保持完整的根系。

5.13.4 养护管理

（1）合理浇水

佛手苗上盆后，立即浇透压根水，以后盆土见干浇水，保持土壤湿润，但要防止盆内渍水影响根系生长。浇水是种植佛手成败的关键，4～5月后，气温升高，佛手生长迅速，需水量增加；夏季炎热高温，除盆内泥土保持湿润外，还应在花盆周围喷水，以保持一定的环境湿度；秋天气温逐渐下降，浇水量可慢慢减少；冬天，植物进入休眠期，应将其搬入暖棚，使盆土保持一定的湿润即可，防止过湿、过干，以免烂根或植株枯萎。佛手浇水还应根据植株的具体情况灵活对待：小树、弱树少浇，大树、壮树多浇；果实膨大期水量多些；开花结果初

期不宜浇水，以免落花落果。

（2）适量施肥

结合浇水追肥，盆栽佛手的施肥在一年中可分四个不同的阶段：一是春分至芒种，每隔7天左右要施一次薄肥，还可用磷酸二氢钾根外追肥，目的是增强树势。二是芒种至大暑，此时正值盛花期和结果期，每隔3～5天要施肥一次，肥分可比以前浓些。此时应多施磷钾肥，目的是多开花、少落果，并可进行人工授粉。三是大暑至秋分，正是果实膨大期，多用钙钾磷复合肥等，少用氮肥，否则会推迟果实成熟期。四是白露到霜降，采果后施稀薄磷钾肥，控制浇水和氮肥的施用，目的是恢复树势，促进花芽分化。总之在结果初期要控制肥水，果实膨大期增施肥水。

（3）精细修枝

佛手上盆后，开始以营养生长为主，顶芽连续生长。因此，要注重对主梢进行摘心，促进分枝，矮化树冠。疏剪密集枝、病虫枝，结合撑、拉、吊等方法，调整树姿，美化树形，见图5-37。结果后，针对其生长、结果势态，进行春夏抹芽，对结果枝顶梢进行摘心、疏花疏果，保持各期梢、果的生长平衡，防止大小年现象的发生。

（4）防寒保暖

佛手的抗寒能力一般比柑橘差，遇到低温就会大量落叶、枝条冻枯，影响来年的开花坐果及生长发育。因此，佛手冬季入室后要加强温度管理，提高室内的空气温度和湿度。

图5-37 吊拉整形

（5）病虫害防治

佛手的病害在北方主要有煤污病，它是由腐生真菌引起的，表现为枝叶密布浅黑色的黑霉，影响叶片的光合作用。可用50%退菌特800倍液或多菌灵防治。虫害主要有蚜虫和蚧壳虫，5～6月份和8～9月份在蚜虫为害佛手花枝顶端嫩叶时，喷洒50%西维因500倍液。6～7月份天气炎热，红蜘蛛易为害叶片，发现后可喷施0.3°Bé石硫合剂或40%乐果1000倍液进行防治。

图5-38　盆栽无花果（一）

5.14 盆栽无花果（桑科 榕属 *Ficus*）

5.14.1 主要种类和品种

盆栽品种最好选择矮化的布兰瑞克、玛斯义陶芬和波姬红，这三个品种均为夏、秋两次结果的品种，每年的6～10月果实陆续成熟［图5-38（见上页）、图5-39］。

图5-39 盆栽无花果（二）

5.14.2　生长习性

无花果（*Ficus carica* Linnaeus）原产于地中海沿岸及中亚一带温暖地区，适应性强，抗旱，耐盐碱，喜阳光充足、温暖和比较干燥的气候环境，不耐阴，怕积水。对土壤要求不严，在肥沃湿润的砂质壤土上结果良好。冬季温度达−12℃时，无花果新梢顶端就开始受冻；在−20～−22℃时根颈以上的整个地上部将受冻死亡。无花果生长势强，但萌芽力和发枝力较弱，结果早且全年可多次结果，果实发育期约50～60天，每年的6～10月果实陆续成熟。

5.14.3　制作技术

（1）花盆的选择

无花果属于浅根性果树，根系水平分布比垂直分布的范围大得多，需要口径较大但不是很高的容器来栽培，一般多选择大号瓦缸、瓷盆或木桶。透气性好的泥瓦盆、瓷盆、水泥盆、木桶均可用来栽培无花果，但大小要适宜，直径以40～50厘米为好，不能小于30厘米，高度可与盆径相仿，也可稍大于盆径，见图5-40。

（2）盆土的配制

虽然无花果对土壤的要求不是很严格，但为保证充足的营养供应，盆栽最好用肥沃、透气性好的砂质壤土，加入腐熟的饼肥、圈粪等有机肥料做成盆土，也可掺入少量的复合

图5-40　盆栽无花果（三）

肥。无花果对钙的需求量较大，喜中性或碱性的土壤，pH值在7.2～7.6最适宜无花果的生长。盆土中可掺入适量的石灰补充钙质，同时可以改善土壤的酸碱性。土壤要进行消毒处理，去除其中的有害病菌、虫卵、杂草等。具体操作方法是：配好盆土后，用0.1%福尔马林溶液喷洒，一般用量是每立方米盆土用药500毫升，搅拌均匀，然后用塑料薄膜覆盖密封，熏蒸24小时后揭开薄膜，晾晒3～4天即可。

（3）育苗

采用扦插繁殖的方法，可在早春进行硬枝扦插，也可在夏

季进行嫩枝扦插，成活率都很高。硬枝扦插在春季晚霜过后（4月上旬）进行，选择生长健壮、芽体饱满、节间短、无病虫害、粗度1.2厘米左右、充分成熟的一年生枝条作插穗。嫩枝扦插一般在夏季（7月上旬）进行，剪取主干基部当年萌发的健壮、木质化程度较高的枝条带叶扦插，但不能剪取主干上的侧枝，否则树液会大量流出而影响母株生长。每个插穗长度为15～20厘米，去掉嫩枝基部叶片，顶端只留两片叶。扦插时先用与插穗粗度相当的木棒以45°斜插眼，然后芽苞向上插入插穗并踏实，插入深度占插条长度的2/3，地上部露出1～2个芽。株行距20厘米×30厘米。插后浇透水，硬枝扦插的盖上地膜。插后20天左右及时破膜，让芽外露，出苗和生根阶段，注意保持土壤湿度。

5.14.4 养护管理

（1）肥水管理

生长期间，可每半个月施一次饼肥水，每月施一次腐熟的麻酱渣或饼渣。也可以用淘米水或炒豆水发酵后浇灌，浇水以保持盆土湿润为好，要见干见湿。如浇水不及时或用盆过小，则植株常常发生凋萎。盆栽的亦要注意排水，尤其是在大雨或暴雨之后的连阴雨季节，要注意遮雨或倒盆控水。冬季根据室内的温度浇水，室温高时多浇水，否则少浇水。一般一个月浇水1～2次即可。

（2）温度和光照

育苗和盆栽都要选择阳光充足、温暖的地方，冬季霜降后入室养护，保持室温在5℃以上。

（3）合理整形修剪

盆栽无花果，要求枝短、果密，植株不宜过高，以60厘米高为宜。为达到此目的，主干高度以12厘米左右为宜，主干上选留主枝2～3个，每一个主枝上再选留侧枝2～3个，全株留枝8个左右，并使枝条分布均匀、错落有致，即能构成优美的树冠。

（4）病虫害防治

无花果的病虫害较少，室内盆栽因通风不良易有蚧壳虫、叶螨。蚧壳虫有褐软蚧、红圆蚧等，可人工捕杀，也可喷灌36%（质量分数，后同）阿维·吡虫啉3000倍液灭杀。叶螨可用水冲洗，也可喷20%哒螨灵3000倍液。

参考文献

[1] 郑树芳. 果树盆栽发展现状、应用与展望 [J]. 广西热带农业，2007（3）：42-43.

[2] 刘伟，孙军利，任劲飞，等. 3种常见果树盆景的制作及养护管理 [J]. 中国园艺文摘，2013（11）：128-129.

[3] 王梓. 湖南5种园林地被植物蒸腾耗水性研究 [D]. 长沙：中南林业科技大学，2008.

[4] 苗博瑛，刘洪章，郭荣荣，等. 果树盆景产业化发展建议与思考 [J]. 天津农业科学，2006（3）：23-24.

[5] 李万立. 果树盆景特点及分类 [J]. 河南林业，2000（5）：33.

[6] 张新杰，王记侠，任玉华，等. 葡萄砧木特性及其对嫁接品种的影响 [J]. 安徽农业科学，2007，35（31）：9893-9895.

[7] 唐黎标. 果树嫁接的技术与经验 [J]. 四川农业科技，2013（9）：26-27.

[8] 黄庆文，陈斌艳，李裕建，等. 柑橘小实蝇雄虫种群消长规律研究初报 [J]. 广西农学报，2012，27（2）：7-10.

[9] 李保印. 石榴 [M]. 北京：中国林业出版社，2004.

[10] 薛守纪. 盆花上盆、倒盆、换盆应怎样操作？[J]. 中国花卉盆景，1997（1）：21.

[11] 王燕.盆栽果树肥水管理技术[J].农村科技开发，2003（4）：13-11.

[12] 赵文胜，高庆燕，孙述峰.盆栽果树肥水管理技术[J].河北果树，2008（6）：36.

[13] 杨恒友.盆栽果树保花保果技术[J].中国农村小康科技，2005（5）：37.

[14] 沈莉.盆栽果树保花保果技术[J].山西果树，2014（2）：52-53.

[15] 邓超，李君.盆栽果树整形修剪技术[J].现代园艺，2014（2）：28.

[16] 叶欣.盆栽果树整形修剪技术[J].新农业，2014（15）：8-10.

[17] 陈俊法.盆栽苹果管理技术[J].河北农业，2016（2）：39-40.

[18] 王迎涛，李勇，李晓，等.早熟梨新品种早魁[J].园艺学报，2003，（3）：371.

[19] 牛颖霞.核桃树的秋季管理[J].山西农业，2005（10）：13.

[20] 林瞳.明清时期植物盆景种类及制作技术研究[D].南京：南京农业大学，2009.

[21] 赵锦坤.山楂树桩盆景的制作及管理[J].中国花卉盆景，1992（11）：12-13.

[22] 邵维仙.山楂盆景的家庭制作[J].现代农村科技，2010（8）：33.

[23] 李萍，漓君."脆蜜金橘"生长结果特性与丰产优质栽培技术[J].南方园艺，2010，21（3）：22-24.

[24] 陈中玉.盆栽杏树[J].中国果菜，2012（8）：52-53.

[25] 于长春.杏树盆栽技术要点[J].果树实用技术与信息，2013

（6）：29-30.

[26] 田红莲. 杏树的盆栽技术[J]. 农村科技开发，2001（10）：23-24.

[27] 付秀丽. 盆栽李子管理技术[J]. 中国园艺文摘，2011，27（4）：120+68.

[28] 许宏艳. 圃地五角枫苗木繁育及大苗培育技术. 中国园艺文摘，2018，34（3）：173+204.

[29] 郭明江. 盆栽柿树[J]. 中国果菜，2012（1）：9-11.

[30] 么海波. 盆栽柿树栽培管理技术[J]. 现代农村科技，2016（23）：36.

[31] 胡清坡，轩素珍，杨光，等. 柿树盆栽技术研究[J]. 北京农业，2014（24）：53-54.

[32] 李德智，李涛. 盆栽金橘观赏后的养护[J]. 吉林农业，2000（8）：19.

[33] 曹涤环. 盆栽金橘观赏后巧养护[J]. 南方农业，2012（6）：8.

[34] 王晓平，南小春，付社岗. 梨树采果后的六项管理[J]. 西北园艺：果树专刊，2008（5）：48.

[35] J Sowa, J Hendiger, M Maziejuk, et al. Potted Plants as Active and Passive Biofilters Improving Indoor Air Quality[J]. IOP Conference Series: Earth and Environmental Science, 2019, 290 (1): 1-8.

[36] C. Bonomelli, M. Arias, V. Celis, D. Venegas & P. M. Gil. Effect of Application of Sulfuric and Humic Acid in the Mitigation of Root Asphyxiation Stress in Potted Avocado Plants [J]. Communications in Soil Science and Plant Analysis, 2019, 50 (13): 1591-1603.